Harilal Ramavath

Diagnóstico veterinário

Harilal Ramavath

Diagnóstico veterinário

ScienciaScripts

Imprint

Cover image: www.ingimage.com

This book is a translation from the original published under ISBN 978-620-2-00749-8.

Publisher:
Sciencia Scripts
is a trademark of
Dodo Books Indian Ocean Ltd. and OmniScriptum S.R.L publishing group

120 High Road, East Finchley, London, N2 9ED, United Kingdom
Str. Armeneasca 28/1, office 1, Chisinau MD-2012, Republic of Moldova, Europe
Printed at: see last page
ISBN: 978-620-7-91783-9

ÍNDICE DE CONTEÚDOS

Capítulo 1

MARCADORES SEROLÓGICOS PARA UM MELHOR DIAGNÓSTICO DA CISTICERCOSE SUÍNA

A taeniose/cisticercose por *Taenia solium* é uma importante infeção helmíntica zoonótica (re)emergente nos países em desenvolvimento. O homem é o hospedeiro definitivo, albergando a ténia adulta no intestino delgado. O hospedeiro intermediário natural é o porco, mas os seres humanos também podem ser infectados com a fase larvar, os cisticercos. Nos seres humanos, os cisticercos tendem a alojar-se no sistema nervoso central, causando neurocisticercose, que é uma das principais causas de epilepsia nos países endémicos. Estão disponíveis diferentes testes serológicos para o diagnóstico da cisticercose, tanto em suínos como em seres humanos. A medição das respostas de anticorpos ou antigénios fornece diferentes informações sobre o curso da infeção. Em geral, os ensaios de deteção de anticorpos reflectem apenas a exposição ao parasita, ao passo que os ensaios de deteção de antigénio indicam a presença de parasitas vivos. O primeiro objetivo desta tese foi relacionar os dados serológicos (respostas de anticorpos e antigénios) com os resultados parasitológicos em suínos infectados experimentalmente, a fim de estudar a relação hospedeiro-parasita. O atual teste ELISA de antigénio baseado em anticorpos monoclonais detecta antigénios circulantes do parasita, que indicam a presença de quistos vivos. No entanto, não há informações disponíveis sobre se este teste tem potencial para quantificar o número de cistos viáveis presentes ou se é apenas uma medida qualitativa. Assim, o segundo objetivo era estudar a relação entre o número de quistos e o título do antigénio circulante em suínos, a fim de desenvolver um teste de diagnóstico quantitativo. Os testes de diagnóstico da cisticercose suína foram recentemente validados com base numa abordagem Bayesiana. Num relatório recente da FAO, da OMS e do OIE, o desenvolvimento de testes de diagnóstico mais sensíveis e específicos para utilização em suínos foi declarado como uma das prioridades de investigação para a taeniose/cisticercose. Por um lado, não existe nenhum teste disponível que possa distinguir entre infecções com quistos viáveis (cisticercose ativa) e infecções com quistos degenerados (cisticercose inativa). Por conseguinte, o terceiro objetivo foi identificar novos biomarcadores no soro de suínos infectados que possam distinguir entre cisticercose ativa e inativa, utilizando a espetrometria de massa por dessorção a laser e ionização por tempo de voo (SELDI-TOF MS). Outra lacuna no diagnóstico da cisticercose suína é o facto de a utilização do antigénio-ELISA em suínos ser dificultada por reacções cruzadas com outras espécies de taeniídeos. Por conseguinte, o último objetivo foi produzir nanocorpos (fragmentos de anticorpos de domínio único derivados de camelídeos) específicos para *T. solium* que possam ser utilizados para o diagnóstico da cisticercose suína.

No primeiro estudo, os níveis de anticorpos e antigénios foram determinados em suínos infectados experimentalmente e relacionados com o resultado parasitológico da infeção. No modelo experimental, 3 grupos de suínos com 1, 3 e 5 meses de idade, respetivamente, aquando da infeção, foram infectados com uma proglótida completa. Os animais com 1 mês de idade desenvolveram principalmente quistos viáveis, os animais com 5 meses de idade desenvolveram principalmente quistos degenerados, enquanto os animais com 3 meses de idade apresentaram um perfil intermédio. Todos os animais que apresentavam quistos viáveis à necropsia tinham níveis elevados de antigénio, ao passo que os animais que não apresentavam quistos ou apenas quistos degenerados tinham níveis de antigénio baixos ou nulos. Os níveis de antigénio aumentaram mais rapidamente em animais de 1 mês de idade com quistos viáveis do que em animais de 5 meses de idade com quistos viáveis. Além disso, os níveis de antigénio atingidos foram mais elevados nos animais infectados com 1 mês de idade em comparação com os animais infectados com 3 e 5 meses de idade. Os níveis de anticorpos séricos pareciam seguir uma cinética inversa em comparação com o antigénio circulante. Os títulos de anticorpos foram mais elevados nos animais infectados aos 5 meses de idade. Nos animais infectados com 1 e 3 meses de idade, os níveis de anticorpos aumentaram lentamente e permaneceram substancialmente mais baixos em comparação com o grupo etário mais velho. Estes resultados indicam a presença de uma resposta imunitária dependente da idade: uma resposta eficiente de anticorpos em animais mais velhos impede o estabelecimento de quistos viáveis totalmente desenvolvidos, enquanto que em animais mais jovens o sistema imunitário não consegue reagir adequadamente à

Na segunda parte deste estudo, foi construído um ELISA quantitativo para medir a concentração de antigénio circulante, utilizando uma curva padrão de referência de diluições em série de produtos de ES de *T. saginata.* Foi encontrada uma correlação significativa entre o número de quistos viáveis e a concentração de antigénio circulante. Este resultado é promissor tendo em vista o desenvolvimento de um ensaio para quantificar o progresso de uma infeção ativa por *T. solium.*

No segundo estudo, as amostras de soro dos mesmos suínos infectados experimentalmente foram analisadas por SELDI-TOF MS para identificar biomarcadores que podem distinguir entre infecções com quistos viáveis e infecções com quistos degenerados. Foram encontrados 30 biomarcadores discriminantes: 13 específicos para o fenótipo viável, 9 específicos para o fenótipo degenerado e 8 específicos para o fenótipo infetado (quistos viáveis ou degenerados). Cinco biomarcadores foram identificados como clusterina, lecitincolesterolaciltransferase

(LCAT), vitronectina, haptoglobina e apolipoproteína A-I. Foi feita uma tentativa de validar os biomarcadores através da análise de amostras de soro de suínos naturalmente infectados. Apenas 3 dos biomarcadores foram também significativos nas amostras de campo; no entanto, os perfis de pico não eram consistentes entre os dois conjuntos de amostras. Assim, não foi possível validar os biomarcadores.

No último estudo, foram clonados nanocorpos após imunização de 2 dromedários com fluido de quisto de *T. solium* e foram seleccionados 8 nanocorpos *específicos de T. solium* após phage display e biopanning. As suas características de ligação e o seu potencial para o diagnóstico da cisticercose suína foram investigados. Os nanocorpos eram altamente específicos para *T. solium* e não foram observadas reacções cruzadas com *T. hydatigena, T. saginata, T. crassiceps* e T. *spiralis*. Após transferência para uma membrana de PVDF e sequenciação N-terminal das proteínas nas bandas correspondentes às bandas reconhecidas pelos nanocorpos, o antigénio alvo foi identificado como glicoproteína de diagnóstico de 14 kDa (Ts14), pertencente à família das proteínas de 8 kDa. Foi também avaliada a imunodetecção de quatro péptidos sintéticos pertencentes a esta família de proteínas (Ts14, Ts18var, TsRS1 e TsRS2). Os nanocorpos reagiram preferencialmente com Ts18var1, apenas 2 nanocorpos reagiram também com Ts14 e TsRS2. Os grupos de epítopos de complementação dos nanocorpos foram investigados em ELISA de competição. Desta forma, os nanocorpos puderam ser classificados em quatro grupos diferentes de ligação a epítopos. A captura de antigénios foi avaliada testando os nanocorpos em várias combinações no ensaio ELISA em sanduíche. Os nanocorpos foram capazes de distinguir entre o fluido de quisto de T. solium *e T. hydatigena*, mas não houve uma distinção clara entre as amostras de soro de suínos infectados com *T. solium*, suínos infectados com *T. hydatigena* e suínos negativos. Em seguida, os nanocorpos foram testados em

ELISA de inibição para a deteção de antigénio circulante. Um nanocorpo (Nbsol52) foi capaz de diferenciar entre as diferentes amostras de soro.

Estes resultados indicam o elevado potencial dos nanocorpos seleccionados para o diagnóstico específico da espécie da cisticercose por *T. solium*, após otimização e validação adicionais do ensaio.

Os resultados da presente tese demonstram a viabilidade de identificar marcadores serológicos que possam conduzir a um melhor diagnóstico da cisticercose suína. A disponibilidade de um ensaio de deteção de antigénio melhorado oferece perspectivas claras para estudos epidemiológicos e imunológicos, acompanhamento de estudos de intervenção e monitorização clínica em seres humanos. Em estudos epidemiológicos, pode fornecer informações precisas sobre locais de transmissão ativa e avaliação de factores de risco. O acompanhamento da longevidade dos quistos é possível em estudos imunológicos e na monitorização de programas de controlo. Na cisticercose clínica em seres humanos, é uma ferramenta valiosa para a tomada de decisões sobre o início do tratamento anti-helmíntico e para o acompanhamento da eficácia do tratamento.

Para elucidar melhor as interacções entre o hospedeiro e o parasita e identificar antigénios-alvo alternativos para o diagnóstico, deve ser realizada mais investigação fundamental. Por conseguinte, a resposta imunitária nas infecções por *Taenia* deve ser investigada, bem como o mapeamento comparativo do proteoma do parasita.

Capítulo 2

APRESENTAÇÃO CLÍNICA, REGISTOS DE AUSCULTAÇÃO, ACHADOS ULTRASSONOGRÁFICOS E RESPOSTA AO TRATAMENTO DE 12 BOVINOS ADULTOS COM PNEUMONIA SUPURATIVA CRÓNICA

A pneumonia supurativa crónica é um diagnóstico difícil na prática pecuária, uma vez que os bovinos foram frequentemente tratados pelo criador antes de se apresentarem e que outras infecções bacterianas crónicas, como a peritonite, a endocardite, a pericardite, o abcesso hepático, a pielonefrite e a metrite, podem apresentar-se com baixa produção e perda de peso. As vacas afectadas por pneumonia supurativa crónica são geralmente febris na apresentação, mesmo quando não houve administração prévia de antibióticos. O corrimento nasal purulento e a tosse frequente são sinais comuns nos bovinos com pneumonia supurativa crónica, mas estes sinais também estão presentes na rinotraqueíte infecciosa dos bovinos, uma doença em que não há lesões pulmonares.

As descrições dos sons adventícios são muito variáveis e a medida em que estes sons podem ser auscultados em patologias pulmonares específicas tem sido posta em causa nas doenças respiratórias dos ovinos. A capacidade de determinar a natureza e a distribuição da patologia pulmonar através da auscultação continua por provar, apesar de continuar a ser a pedra angular do exame clínico do trato respiratório dos ruminantes. Os manuais de referência sobre o exame clínico descrevem os sons anormais do trato respiratório inferior dos ruminantes como estalidos, estalidos ou sons borbulhantes, sons crepitantes, pieira e fricção pleurítica. Na literatura clínica, foi também utilizada uma vasta gama de descritores para sons pulmonares anormais em ovinos, incluindo sons vesiculares aumentados num carneiro com pleuropneumonia supurativa crónica grave e sons sibilantes, vesiculares e murmurantes em ovinos com infecções respiratórias bacterianas, seguidos de ausência de catarro brônquico residual nos mesmos ovinos durante a recuperação. No entanto, os autores de trabalhos mais recentes limitaram as suas descrições dos achados da auscultação do trato respiratório à distribuição e não ao carácter; não foram registados sons anormais, sons anormais audíveis predominantemente anteroventralmente, sons anormais audíveis em todo o campo pulmonar (pontuação 2), ou comentaram simplesmente, num sentido mais geral, a presença de "sons respiratórios altos e prolongados". A falta de correlação entre os sons pulmonares e a distribuição da patologia em casos de adenocarcinoma pulmonar do ovino (APO) "negativos para o carrinho de mão", apesar de as lesões do APO envolverem até 20% do tecido pulmonar, serve para sublinhar a aparente falta de sensibilidade e especificidade da auscultação.

O objetivo deste artigo é apresentar imagens e gravações de vídeo que realçam os achados clínicos, ecográficos e de necropsia de vacas com pneumonia supurativa crónica. Sons gravados sobre imagens típicas de ultrassom são apresentados com o tipo de lesão confirmada na necropsia nos bovinos que não responderam ao tratamento com antibióticos.

As abordagens alternativas ao diagnóstico da pneumonia supurativa crónica na prática geral incluem a resposta à terapêutica antibiótica, embora este regime também trate infecções bacterianas crónicas que afectam outros órgãos e não confirme a presença de patologia pulmonar. A radiografia poderia ser tentada, mas apresenta problemas práticos com o acesso aos lóbulos pulmonares crânio-ventrais, as normas de saúde e segurança, o custo e a disponibilidade de aparelhos de raios X adequados. O isolamento de agentes patogénicos reconhecidos do trato respiratório das vias aéreas inferiores e do pulmão através da lavagem broncoalveolar e da lavagem trans-traqueal indica infeção, mas não quantifica a extensão do processo da doença.

Este estudo de caso apresenta achados clínicos, incluindo registos sonoros sobre pulmões normais e doentes e imagens de ultra-sons, de bovinos adultos com pneumonia supurativa crónica. A interpretação dos sons auscultados apresenta numerosos problemas e pode, muitas vezes, ser interpretada erradamente como se houvesse pouca ou nenhuma patologia pulmonar presente. O principal objetivo deste relatório é demonstrar aos colegas veterinários que a ultrassonografia é um teste auxiliar prático e rentável na investigação de suspeitas de doença respiratória na exploração. Foram obtidos resultados encorajadores em alguns casos, utilizando um tratamento prolongado com injecções de penicilina procaína, em que a terapêutica antibiótica anterior, principalmente com fluoroquinolonas, não tinha conseguido melhorar a situação. Os veterinários estão a ser cada vez mais pressionados no sentido de reduzirem as quantidades de antibióticos que prescrevem, devido à associação entre a utilização de antibióticos em espécies de criação e o aumento de bactérias resistentes a múltiplos antibióticos nos seres humanos. Este estudo fornece provas de que a duração prolongada da terapêutica com penicilina obtém bons resultados em casos seleccionados de pneumonia supurativa crónica; os veterinários devem combinar os dados do seu trabalho clínico diário para fornecerem as informações necessárias para manterem o seu direito de prescrição.

Descrição do caso

Casos

O Farm Animal Hospital da Universidade de Edimburgo recebe casos de ruminantes de clínicas veterinárias locais do sudeste da Escócia. Doze bovinos adultos com pneumonia supurativa crónica admitidos ao longo de um período de dois anos (2009-2011) foram examinados pelo autor e incluídos neste estudo; 11 bovinos leiteiros da raça Holstein, incluindo sete novilhas recém-paridas, e uma vaca com pedigree da raça Simmental. Os bovinos adultos com outras causas de patologia pulmonar foram excluídos do estudo. Seis animais estavam a receber tratamento na admissão, incluindo um antibiótico fluoroquinolona (cinco vacas) e oxitetraciclina (uma vaca).

Resultados do exame clínico

A duração dos sinais clínicos foi referida como sendo de 5-14 dias, embora não tenha sido possível verificar este facto. Todas as vacas estavam em mau estado corporal (mediana 1,5; variação 1,5-2,5, escala 1-5). O apetite estava acentuadamente reduzido e todos os animais recusaram a sua ração concentrada. A produção de leite era de 25 a 50 por cento da produção esperada. Oito vacas, incluindo quatro que receberam antibióticos, apresentaram uma temperatura rectal subnormal a normal (37°C a 38,5°C); quatro vacas apresentaram uma febre ligeira (39°C a 39,2°C), incluindo duas vacas que receberam tratamento com antibióticos. Todas as vacas apresentavam relutância em se mover, estavam aborrecidas e deprimidas e, normalmente, permaneciam de pé com o pescoço esticado e a cabeça baixa. Duas vacas estavam dispneicas aquando da apresentação. A avaliação visual subjectiva sugeriu que todas as vacas tinham uma expressão de ansiedade/dor. Todas as vacas tossiram repetidamente durante o exame clínico, a ultrassonografia e a sessão de registo sonoro, que durou um total de aproximadamente 15 minutos. Um corrimento nasal purulento, unilateral ou bilateral, estava presente de forma intermitente, mas foi observado em todas as vacas em algum momento durante o período de exame. A frequência respiratória estava aumentada em todos os animais, acima de 40 respirações por minuto. Em quatro animais foi observada uma dilatação acentuada das narinas durante a inspiração. Não foram detectadas outras infecções significativas durante o exame clínico ou na necropsia de quatro vacas que não responderam ao tratamento. As vacas foram tratadas com 12 mg/kg de procaína benzil penicilina injectada por via intramuscular uma vez por dia nos músculos do pescoço ou dos quartos traseiros. Quatro vacas que tiveram alta antes do fim do tratamento de 42 dias (duas vacas após 14 dias; duas vacas após 30 dias) foram tratadas pelo proprietário. A importância de completar o tratamento foi sublinhada ao proprietário e ao veterinário responsável, mas não foi possível garantir o seu cumprimento.

Métodos

Exame ultrassonográfico

Um transdutor setorial de 5,0 MHz ligado a uma máquina de ultra-sons em tempo real, modo B, forneceu imagens de qualidade de diagnóstico em todos os 12 bovinos. Uma faixa de pelo com 7 a 10 cm de largura foi raspada de ambos os lados do tórax, estendendo-se num plano vertical desde a ponta do cotovelo até ao bordo caudal da omoplata. A pele foi molhada com água morna da torneira e, em seguida, aplicou-se generosamente gel de ultra-sons na pele molhada para assegurar um bom contacto. A cabeça do transdutor foi firmemente mantida em ângulo reto contra a pele que cobre os músculos intercostais do sexto ou sétimo espaços intercostais. O campo pulmonar dorsal foi selecionado no início dos exames de ultra-sons para visualizar o tecido pulmonar normal, uma vez que esta área é muito menos frequentemente afetada na pneumonia supurativa crónica. Os exames ultra-sonográficos foram realizados com um ajuste inicial de profundidade de 8 a 10 cm, incluindo 2,5 cm de parede torácica. Foi importante visualizar a linha ecogénica (branca) da pleura visceral normal antes de examinar as áreas mais ventrais. Os artefactos podem ser facilmente criados se o campo incluir a musculatura do ombro. Em caso de dúvida relativamente à lesão visualizada, a pleura visceral foi seguida ao longo da parede torácica para identificar a junção entre o pulmão normal e a patologia.

Gravações de som

As gravações de som foram efectuadas utilizando uma cabeça de estetoscópio normal ligada a um microfone (Olympus ME-15; Misco) através de um pequeno pedaço de tubo de plástico. A saída eléctrica do microfone foi pré-amplificada antes da digitalização e armazenamento utilizando um gravador de voz comercial (Olympus WS-321M; Misco). Os ficheiros de som foram guardados como ficheiros .wav. A sensibilidade foi mantida ao mesmo nível em todas as gravações, permitindo a comparação da audibilidade entre gravações. Cada gravação durou 60 s e foi repetida se houvesse um movimento significativo do animal ou outra interrupção. Foram feitos todos os esforços para excluir ruídos estranhos. Foram efectuados registos sonoros de todas as vacas no momento da admissão e de 8 vacas em intervalos de duas semanas até à alta hospitalar, 14 a 42 dias depois.

Resultados

Achados ultra-sonográficos

Gado normal:

Os pulmões de 30 bovinos adultos, eutanasiados por razões que não doenças respiratórias, foram examinados antes da necropsia para caraterizar o aspeto sonográfico do tecido pulmonar normal. O pulmão normal foi caracterizado pelo eco linear branco mais elevado com artefactos de reverberação igualmente espaçados abaixo desta linha. Em bovinos adultos normais (cerca de 600 kg), observou-se que a pleura visceral se movia aproximadamente 5 mm num plano vertical durante a respiração. Não foi visualizado qualquer líquido pleural nestes bovinos normais. A parede torácica tinha aproximadamente 2 a 3 cm de largura.

Pneumonia supurativa crónica

À medida que a cabeça da sonda era movida ventralmente, verificava-se uma mudança abrupta do pulmão normal, representado pela pleura visceral brilhantemente periecóica, para ser substituído por áreas hipoecóicas que mediam aproximadamente 2 cm no plano vertical e se estendiam por 2-6 cm no parênquima pulmonar em 8 de 12 bovinos. Estas colunas resultaram do aumento da transmissão de ondas sonoras através do parênquima pulmonar consolidado, tipicamente num padrão lobular, atingindo depois o tecido pulmonar normal/pequenas vias aéreas. Em termos ventrais, estas colunas hipoecogénicas fundiram-se para formar uma grande área hipoecogénica com o aspeto ultrassonográfico de um fígado que se estende até 10 cm a partir da pleura visceral, contendo muitas linhas hiperecogénicas que medem até 2 a 10 mm e as áreas hipoecogénicas identificadas durante o exame ultrassonográfico representavam vias aéreas consolidadas do parênquima pulmonar (bronquiectasias) isoladas de pulmões doentes (3 de 4 vacas amostradas na necrópsia).

Gravações de som

Foi difícil diferenciar o aumento da audibilidade dos sons respiratórios normais dos sibilos. Quando os sibilos eram identificados, eram audíveis em todo o campo pulmonar e não se restringiam às áreas de patologia pulmonar identificadas durante o exame de ultrassom. Em alguns casos, os sibilos foram reduzidos sobre a patologia pulmonar. Poucas crepitações puderam ser identificadas sobre a patologia pulmonar. Em quatro vacas, não se ouviram consistentemente crepitações, apesar da presença de material purulento proveniente das vias respiratórias do pulmão afetado na necropsia. Os ruídos intestinais transmitidos foram frequentemente ouvidos sobre pulmões consolidados

Análises
Diagnóstico ultrassonográfico

O exame ultrassonográfico definiu com precisão a distribuição da patologia pulmonar revelada na necropsia das quatro vacas que não responderam à terapia antibiótica. O aspeto ecográfico das lesões pulmonares registadas nestas quatro vacas era semelhante ao das oito vacas tratadas com êxito, embora a distribuição, tal como definida pela margem dorsal, fosse consideravelmente mais extensa. As alterações ultra-sonográficas em ambos os lados do tórax totalizaram mais de 40 cm acima do nível do olécrano nas quatro vacas que não responderam à terapia antibiótica e foram eutanasiadas por razões de bem-estar. Estimou-se que a área envolvida no processo da doença representava mais de 30% da superfície pulmonar. As alterações pulmonares não puderam ser confirmadas nos oito bovinos que tiveram alta do hospital

Eficácia do tratamento

A temperatura rectal era normal nas 48 horas seguintes ao tratamento nas quatro vacas que apresentavam uma febre ligeira na altura da apresentação. O aspeto clínico e o apetite melhoraram em duas vacas; oito vacas melhoraram muito em 48 horas, mas não melhoraram em duas vacas que estavam dispneicas aquando da apresentação. A produção de leite melhorou em duas vacas, mas seis vacas foram secas prematuramente por razões de maneio. A tosse e as descargas nasais purulentas diminuíram muito após uma semana. Não se verificou qualquer reação localizada a injecções intramusculares repetidas de penicilina. Oito vacas tiveram alta ao fim de duas a seis semanas. Quatro vacas foram vendidas para abate dois a três meses após a alta, tendo ganho condição corporal; quatro vacas permaneceram na manada.

Diagnóstico

Os achados clínicos de redução do apetite, baixa produção, tosse, corrimento nasal purulento e pio pegajoso em todos os casos eram consistentes com relatos anteriores de pneumonia supurativa crónica. Neste estudo, a pirexia não era uma caraterística da pneumonia supurativa crónica, embora todas as vacas tivessem recebido antibióticos durante as duas semanas anteriores, mas estes tratamentos com antibióticos não tinham provocado qualquer melhoria clínica. Esta situação difere significativamente da doença respiratória aguda em bovinos em crescimento, em que a febre >39,7°C é considerada o critério de seleção mais importante para a terapia com antibióticos. No presente estudo, revelou-se difícil diferenciar o aumento da audibilidade dos sons respiratórios normais dos sibilos; não foram detectadas crepitações em relação à patologia pulmonar identificada por ultra-sons. Na maioria dos casos, os sons respiratórios estavam acentuadamente reduzidos sobre a patologia pulmonar. A ausência de sons adventícios, nomeadamente de crepitações, é explicada pela falta de movimento do ar causada pela consolidação pulmonar extensa nestas áreas que tinham o aspeto ecográfico de fígado. A exatidão dos achados ultra-sonográficos foi confirmada na necropsia dos quatro casos. Quando foram identificados sibilos, estes eram audíveis em todo o campo pulmonar e não se restringiam às áreas de patologia pulmonar identificadas durante o exame ecográfico.

Embora tenham sido descritos achados auscultatórios anormais no campo pulmonar crânio-ventral de bovinos com pneumonia crónica supurativa, a progressão do processo da doença até à fase em que existe uma doença respiratória definida em que os sons expiratórios são tão ásperos como os sons inspiratórios não identificou bovinos gravemente afectados no presente estudo. Os clínicos veterinários são encorajados a decidir por si próprios se a auscultação é útil para chegar ao diagnóstico específico de pneumonia supurativa crónica, examinando os registos sonoros neste relatório a partir de pulmões normais e sobre patologia específica determinada por ultra-sons. Os registos sonoros sobre patologias pulmonares específicas de ovinos estão disponíveis para descarregar para comparação. Não foram identificadas poucas crepitações sobre a patologia pulmonar, apesar da presença de material purulento que podia ser expresso a partir das vias respiratórias do pulmão afetado na necropsia. Não foram detectadas diferenças facilmente discerníveis nos sons pulmonares em ovinos com adenocarcinoma pulmonar de ovino durante a auscultação entre os registos efectuados na margem da massa tumoral, diretamente sobre a massa tumoral e no pulmão normal acima da margem dorsal das lesões. Os estudos salientaram a falta de correlação entre os sons pulmonares e a distribuição da patologia em casos "negativos para o carrinho de mão" de adenocarcinoma pulmonar dos ovinos, apesar de as lesões de APO envolverem até 20% do tecido pulmonar. A perella pyogenes verdadeira é uma bactéria comum isolada de pneumonia supurativa crónica em bovinos e ovinos. O tratamento prolongado com penicilina procaína neste estudo foi eficaz nos casos em que as lesões pulmonares não se estendiam dorsalmente mais de 10 a 15 cm acima do nível da parede torácica indicado pelo ponto do olécrano, mas não existem dados de sobrevivência a longo prazo, uma vez que o abate foi recomendado devido à probabilidade de recorrência após stress (por exemplo, no próximo parto). A boa resposta ao tratamento em 8 das 12 vacas do presente estudo desafia a afirmação de que todos os bovinos com pneumonia supurativa crónica respondem mal ao tratamento, sofrem de perda de peso crónica e podem morrer em resultado de uma exacerbação aguda da doença. Além disso, o facto de o intervalo de dosagem se adequar ao maneio atual não deve ser considerado um fator importante na seleção de antibióticos. No entanto, sem uma avaliação ultra-sonográfica precisa dos pulmões, o diagnóstico provisório de pneumonia supurativa crónica não pode ser confirmado, pelo que a eficácia do tratamento não pode ser avaliada de forma fiável. A classificação das alterações ultra-sonográficas em estruturas finas, médias e grosseiras com base no padrão ecogénico com <10, 10-20 e >20 zonas hiperecogénicas por centímetro de penetração de tecido pulmonar pneumónico foi considerada desnecessariamente complicada e não ajudou a formular o prognóstico. Em vez disso, as alterações hipoecogénicas tinham um aspeto colunar distinto, representando dorsalmente a distribuição lobular da patologia pulmonar superficial que se estendia a uma grande área hipoecogénica, sendo o aspeto ultrassonográfico do fígado ilustrado de forma mais gráfica quando o pulmão ventral direito pneumónico, o diafragma e o fígado eram incluídos no mesmo campo. Além disso, o estabelecimento de um diagnóstico e de uma terapêutica antibiótica correctos pode revelar-se crucial para a provável recuperação do animal; seis bovinos deste estudo que receberam tratamento por indicação melhoraram depois de o antibiótico ter sido substituído por penicilina. A utilização responsável de antibióticos por parte dos veterinários exige um diagnóstico preciso e o exame de ultra-sons proporciona aos profissionais de animais de criação ocupados um teste auxiliar rentável para a doença respiratória crónica em bovinos adultos.

Conclusões

Neste estudo, os bovinos com pneumonia supurativa crónica apresentavam frequentemente uma temperatura rectal normal. A auscultação não conseguiu identificar a natureza e a extensão da patologia pulmonar em bovinos adultos com pneumonia supurativa crónica. O exame ultrassonográfico do tórax forneceu informações críticas para o diagnóstico da doença pulmonar supurativa crónica e para a formulação do prognóstico. Os próximos passos poderão incluir a formação prática de médicos veterinários em ultrassonografia, de modo a que este teste auxiliar possa ser avaliado de forma mais completa em condições de campo. A análise dos resultados gerados por um grande número de médicos veterinários de animais de criação permitiria a determinação dos dados de prevalência e a avaliação das estratégias de tratamento com recomendações baseadas em provas, para benefício dos nossos pacientes e clientes agrícolas. Este regime contribuiria, de certa forma, para responder ao desafio de que todos os envolvidos na prescrição de medicamentos para bovinos com doenças respiratórias devem esforçar-se por melhorar a exatidão do seu diagnóstico e a eficácia do tratamento.

Capítulo 3

MÉTODOS DE DETECÇÃO DE PARASITAS DO SANGUE

O diagnóstico e a identificação de parasitas sanguíneos estão a tornar-se cada vez mais importantes com o aumento de doenças parasitárias importadas na zona temperada. Qualquer laboratório de hematologia clínica pode esperar ser chamado a diagnosticar estes parasitas, especialmente a malária, e é necessário um elevado nível de competência. Esta revisão considera os parasitas sanguíneos importados que podem ser encontrados e discute os méritos dos vários testes de diagnóstico disponíveis.

Protozoários

Malária:

O procedimento laboratorial aceite para o diagnóstico do paludismo é a preparação e exame de esfregaços de sangue corados com Giemsa ou Field's ao microscópio de luz (Warhurst & Williams 1996; General Haematology Work-force 1997). Os esfregaços podem ser preparados diretamente a partir de uma amostra de sangue por picada de agulha. As amostras colhidas por punção venosa em tubos revestidos com EDTA também são aceitáveis, mas devem ser examinadas imediatamente para evitar a alteração da morfologia do parasita devido ao ejetor sequestrante. Devem ser efectuados esfregaços espessos e finos. O esfregaço espesso, que aumenta por um fator de 20^ 30 o número de glóbulos vermelhos por determinada área da lâmina em comparação com o esfregaço fino, é muito mais sensível do que o esfregaço fino para a deteção de uma infeção por malária. O esfregaço fino é superior ao espesso para a especiação.

Esta técnica sofreu muito poucas melhorias nos últimos 100 anos. Apesar de ser considerado o padrão de ouro, o diagnóstico da malária utilizando ^lms de sangue pode ser problemático; requer até 60 minutos de tempo de preparação, é trabalhoso e a interpretação do resultado requer conhecimentos consideráveis, particularmente em níveis baixos de parasitemia Warhurst & Williams (1996). Além disso, em doentes com malária por Plasmodium falciparum, os para-sítios ficam sequestrados nos capilares dos tecidos durante parte do ciclo assexuado e, numa infeção síncrona com esta espécie, podem nem sempre estar presentes no sangue periférico. Assim, uma infeção por P. falciparum pode não ser detectada, a menos que as amostras de sangue sejam repetidas diariamente ou com maior frequência, se o quadro clínico assim o exigir. Além disso, a deteção de parasitas por Фііш sanguíneo no seguimento do tratamento não avalia a sua viabilidade (Srinavasan et al.2000).

Avaliação da parasitemia através do exame de esfregaços de sangue

Warhurst & Williams (1996) discutem vários métodos empregues para quantificar os parasitas da malária em esfregaços de sangue espessos. Uma técnica consiste em contar o número total de parasitas por 200 glóbulos brancos (WBC) e multiplicar este número por 40 para obter o número de parasitas/ml, partindo do princípio de que existem 8000 WBC/ml de sangue. Um segundo método consiste em fazer um esfregaço espesso com um volume conhecido de sangue (5 ml) e corá-lo com Giemsa antes de contar todos os parasitas no esfregaço. A contagem total de parasitas é dividida por 5 para obter o número de parasitas/ml. Uma técnica semelhante utiliza novamente uma quantidade reduzida de sangue total para fazer um esfregaço espesso e, em seguida, são contados os parasitas presentes em 100 feixes de alta potência (HPF). Assume-se que um parasita/100 HPF é equivalente a 50 parasitas/ml. Um esfregaço espesso é geralmente considerado negativo se não forem observados parasitas após 10 minutos de pesquisa. Os níveis de parasitas também podem ser quantificados através do exame de um esfregaço de sangue fino. Isso geralmente é feito contando o número de parasitas/1000 hemácias e expressando como uma porcentagem o número de eritrócitos infectados, ou ainda, contando o número de parasitas por 200 leucócitos como descrito para o esfregaço espesso.

Um ponto fraco da estimativa dos níveis de parasitas através da contagem de parasitas em relação a um determinado número de leucócitos é o pressuposto de que todas as amostras de sangue contêm 8000 leucócitos/ml. Se se dispuser de um instrumento adequado, é muito melhor contar os leucócitos/ml de cada amostra de sangue em investigação, obtendo-se assim um fator de conversão exato para cada amostra. Por exemplo, se houver 10 parasitas/200 leucócitos e o total de leucócitos for 10000/ml, então há 500 parasitas [ou seja, (10000/200] parasitas/ml.

A principal desvantagem do esfregaço espesso é o facto de ser difícil de ler e de poderem não estar disponíveis os conhecimentos necessários. Utilizando um método para avaliar a intensidade da infeção, o examinador deveria, em teoria, contar apenas os campos de esfregaço espesso com 20 leucócitos/HPF. Na realidade, os campos com 20 leucócitos são frequentemente demasiado espessos para serem contados com precisão, enquanto os campos mais fáceis de ler são os que contêm apenas cinco ou seis leucócitos cada. Foi sugerido que o microscopista deveria ser capaz de ler a impressão através de um esfregaço de sangue espesso e bem preparado antes de ser corado. Warhurst & Williams (1996) referem que o exame de esfregaços de sangue finos é apenas um décimo tão sensível como o exame de esfregaços de sangue espessos para a quantificação de parasitas da malária, embora a identificação das espécies de Plasmodium presentes seja muito mais fácil utilizando esfregaços finos. Por conseguinte, a maioria dos laboratórios envolvidos na identificação e quantificação de parasitas da malária por microscopia produzem tanto esfregaços de sangue espessos como finos. Em conclusão, apesar de o exame de esfregaços de sangue ser aceite como o 'padrão de ouro' atual e universal para o diagnóstico do paludismo, não é utilizado por todos os investigadores um método único para estimar a parasitemia, o que pode levar a dificuldades na comparação de dados entre diferentes estudos (Hanscheid & Valadas1999).

Microscopia fluorescente:

Foram descritas três técnicas que utilizam a fluorescência do parasita para o diagnóstico da malária. O método quantitativo de buy coat ou QBC111 (Baird et al. 1992; Benito et al. 1994; Clendeman, Long & Baird 1995), que está disponível sob a forma de um kit comercial (Becton Dickinson, Franklin Lakes, NJ, EUA); o processo Kawamoto alcidine orange (Kawamoto 1991a; Kawamoto 1991b; Kong & Chung1995; Bosch et al. 1996; Gay et al. 1996; Lowe et al. 1996) e a utilização de benzothio carboxy purine (BCP) (Makler et al. 1991; Cooke et al. 1992). Estas três técnicas são rápidas e relativamente fáceis de executar (quando há >100 parasitas/ml) e demonstram uma sensibilidade e especificidade equivalentes às que se podem obter através do exame de esfregaços espessos corados. Tanto o método QBC como o método Kawamoto utilizam o laranja de acridina (AO) como fuoro-cromo para corar os ácidos nucleicos de quaisquer parasitas da malária presentes na amostra. O BCP é outro fuoro-cromo que cora os ácidos nucleicos. Embora o AO seja um corante fluorescente muito intenso, não é específico e cora os ácidos nucleicos de todos os tipos de células. Por conseguinte, o microscopista que utiliza AO tem de aprender a distinguir os parasitas corados por fluorescência de outras células e detritos celulares que contêm ácidos nucleicos. A sensibilidade da coloração AO para níveis de parasitas <100 parasitas/ml varia entre 41,1% e 93% (Delacollett & VanderStuyft 1994). A especificidade da coloração AO para infecções por P. vivax é de cerca de 52%, enquanto a especificidade para infecções por P. falciparum é de cerca de 93% (Hakim et al. 1993). O método BCP tem uma sensibilidade e especificidade de mais de 90% (Cooke et al. 1993). Uma limitação importante dos métodos baseados no AO e no BCP é a sua incapacidade de diferenciar facilmente entre Plasmodium spp. Além disso, o AO é considerado perigoso e tem requisitos especiais de eliminação. Comparando metodologias, tanto o método fluorescente QBC como o BCP são tecnicamente mais exigentes do que o método AO de Kawamoto (Hakim et al. 1993; Hind et al. 1994) e requerem equipamento e materiais especiais. O método QBC requer uma centrifugadora e tubos de hematócrito específicos e foi referido como aumentando os custos para cerca de 1,70 dólares/amostra (Craig & Sharp 1997). O método BCP também requer um bom microscópio fluorescente, com uma lâmpada de halogéneo de quartzo ou de vapor de mercúrio de alta intensidade. O método de Kawamoto, mais simples, utiliza um par de filtros de fluorescência e AO facilmente disponíveis e pode utilizar a luz solar como fonte de luz excitante (se for utilizada uma proteção para envolver os olhos do observador). Se a luz solar não for utilizada, esta técnica requer também uma lâmpada de halogéneo de alta intensidade. Apesar das suas limitações, incluindo a necessidade de formação especial, equipamento e material dispendioso, a microscopia de fluorescência para a deteção rápida de parasitas da malária no sangue é uma alternativa viável ao exame de esfregaços corados com Giemsa.

Deteção de sequências específicas de ácidos nucleicos

Outra abordagem ao diagnóstico laboratorial da malária baseia-se na deteção de sequências de ácidos nucleicos específicas do Plasmodium. Foram desenvolvidos vários ensaios de PCR para o diagnóstico da malária. O gene18S rRNA foi utilizado como alvo para a diferenciação de espécies de Plasmodium por nested PCR e transcrição reversa-PCR (Barkeret al. 1992; Snounou et al. 1993). Outros alvos de ADN, como o gene da proteína circum esporozoíta, foram também A H.Moody &P L. Chiodini#2000 Blackwell Science Ltd. Lab. Haem., 22,189A 202 investigados em regiões específicas das espécies. O gene rRNA da subunidade grande é amplamente conservado nas espécies de Plasmodium e é adequado como região-alvo específica do género; a sequência-alvo amplificada é detectada por sondas internas ou analisada por eletroforese em gel (Kain et al.1993). A principal vantagem da utilização de uma técnica baseada na PCR é a capacidade de detetar a infeção em pacientes com baixa parasitemia; a infeção com $ve parasitas/ml pode ser detectada com 100% de especificidade (Kawamoto et al. 1995).As técnicas baseadas na PCR foram utilizadas para rastrear dadores de sangue na cidade de Ho Chi Minh, no Vietname, uma área onde a malária é endémica. A sensibilidade dos métodos baseados na PCR é superior à da microscopia e, após o tratamento, a PCR produz resultados positivos durante mais tempo do que o exame microscópico (Kain et al.1994). Vários trabalhadores investigaram a persistência do ADN do parasita no sangue periférico após o tratamento antimalárico. Num relatório, a PCR permaneceu positiva durante uma média de 144 h, em comparação com 66 h para a microscopia (Sethabutr et al. 1992; Seesod et al. 1993). Estes espécimes microscopicamente negativos mas com PCR positivo tinham provavelmente parasitemia sub-patente ou ADN de P. falciparum em circulação. Kain et al. (1994) também referiram que, se a PCR produzir resultados positivos durante 5^ 8 dias após o tratamento, pode prever-se o insucesso terapêutico, possivelmente devido à resistência aos medicamentos. Os resultados variáveis da PCR em diferentes estudos reflectem uma série de variações na técnica de PCR, desde a recolha e armazenamento das amostras, extração de ADN, seleção de iniciadores, condições de implicação e análise do produto amplificado. Outros avanços na tecnologia de PCR poderão em breve permitir distinguir os parasitas viáveis dos não viáveis e facilitar a utilização de procedimentos baseados na PCR no terreno (Wataya et al. 1993). Embora os métodos baseados na PCR sejam indiscutivelmente o método mais sensível para a deteção de infecções patentes da malária, também são particularmente úteis para estudos sobre diferenças de estirpes, mutações e genes envolvidos na resistência aos medicamentos nos parasitas e para mostrar a relação entre estirpes associadas a diferentes surtos de malária. A utilização da tecnologia baseada na PCR para o diagnóstico da malária pode, por conseguinte, tornar-se clinicamente relevante para o diagnóstico agudo, tanto no terreno como em laboratórios de referência.

Deteção de antigénios:

Embora já existam há bastante tempo métodos alternativos aos esfregaços de sangue corados para o diagnóstico do paludismo (Taylor & Voller 1993), os testes originais de deteção de anticorpos fluorescentes para o paludismo eram limitados em termos de sensibilidade e de capacidade de distinguir infecções activas de infecções anteriores. Os testes de captura de antigénio da nova geração são capazes de detetar menos parasitas e de produzir um resultado mais rápido (10^A 15min).

Estão disponíveis comercialmente sob a forma de kits, que incluem todos os reagentes necessários, e não requerem formação ou equipamento extensivos para a sua realização ou para a interpretação dos seus resultados. Atualmente, são utilizados dois antigénios do parasita nos novos testes imunocromatográficos rápidos: A proteína-2 rica em histidina (HRP-2) (Rock et al. 1987), uma proteína solúvel em água que é expressa pelo P. falciparum e o antigénio da lactato-hidrogenase do parasita (pLDH) (Makler et al. 1998), presente como isómeros separados para as quatro espécies de Plasmodium que infectam os seres humanos. Estes dois antigénios são também produzidos por gametócitos (Odoula et al. 1987; Kilian et al.1997). Os testes de captura de antigénio mais recentes são rápidos e simples de executar, e têm limites de deteção comparáveis aos da microscopia de alta qualidade (ou seja, 100^A 200 parasitas/ml). Com parasitémias de 60^ 100 parasitas/ml, os testes baseados em HRP-2 são>90% sensíveis e>90% específicos para P.falciparum, em comparação com a microscopia de esfregaço espesso. (Dietz et al. 1995). Atualmente, estão disponíveis comercialmente dois testes deste tipo: o ParaSightl F-test (Becton Dickinson) e o ICT Malaria Pf Testi (Amrad ICT Diagnostics, Sydney, Austrália). Utilizam anticorpos monoclonais marcados para HRP-2 numa fase móvel, para capturar o antigénio HRP-2 de P. falciparum e uma outra tira de anticorpo anti HRP-2 imobilizada em tiras de nitrocelulose, para capturar antigénios marcados num formato de vareta. Em cada teste, um resultado positivo é indicado pelo aparecimento de uma linha vermelha na tira de teste no local onde os anticorpos monoclonais estão imobilizados. Ambos os testes também contêm uma linha de controlo incorporada, que tem de aparecer para que o teste seja considerado válido. Uma comparação entre o teste de captura de antigénio ParaSight1 F e o diagnóstico baseado na PCR (Peyron et al. 1994) revelou uma sensibilidade e especificidade do teste ParaSightl F de 80% e 97%, respetivamente, em comparação com os resultados da PCR. Outros estudos sobre a sensibilidade e especificidade do teste ParaSight 1 F para a deteção de Plasmodium falciparum em amostras de sangue. (Makler & Hinrichs 1993; Schijet al. 1993; Beadle et al. 1994; Miller et al. 1994; Peyron etal. 1994; Premji et al. 1994; Dietz et al. 1995; Verle et al.1996; Kodising he et al. 1997; Singh et al. 1997) revelaram uma sensibilidade média de 77^ 98% e uma especificidade de83^ 99%. Embora os testes imunocromatográficos baseados na HRP-2 permitam um diagnóstico rápido da malária por P. falciparum, têm limitações na sua utilização. Em primeiro lugar, uma vez que a HRP-2 só é expressa por P. falciparum, os testes baseados na deteção de HRP-2 dão resultados negativos para amostras que contenham P. vivax, P. ovale ou P. malariae. Assim, os casos de paludismo não falciparum podem ser incorretamente diagnosticados como malária-negativos se o único teste de diagnóstico utilizado se basear na deteção de HRP-2. Outra limitação é a persistência da HRP-2 no sangue depois de os sintomas clínicos da malária terem desaparecido e de os parasitas terem sido aparentemente eliminados do hospedeiro. Os resultados de investigações efectuadas com o teste Para-Sightl F em sangue colhido 0-14 dias após o tratamento da malária falciparum com arteméter revelaram a persistência de HRP-2 em 16 de 75 amostras de sangue no 14.o dia após o fim do tratamento. Os testes para HRP-2 podem, portanto, ser dificeis de interpretar ao rastrear populações indígenas de zonas endémicas de paludismo, que podem ter parasitemia persistente e de baixo nível, mas não estar doentes (Verle et al. 1996). A razão para a persistência dos antigénios HRP-2 não é bem compreendida; pode refletir a presença de parasitas latentes e viáveis (possivelmente o resultado de fracasso do tratamento) ou de complexos antigénio/anticorpo solúveis (Humar et al. 1997). A persistência também pode depender do tipo de terapia antimalárica instituída. Schi et al. (1993) observaram que 10% dos doentes tratados com Fansidar1 apresentavam antigénio HRP-2 detetável no 14° dia. Utilizando o teste F do ParaSight1 para investigar 19 doentes que receberam quimioterapia antimalárica não especificada, Humar etal. (1997) detectou o antigénio HRP-2 em 68% dos doentes no 7° dia após o início do tratamento e em 27% no 28° dia. Foi demonstrado que o sinal HRP-2 persiste durante 19 dias após uma terapia com quinino aparentemente eficaz. Karbwanget al. (1996) também detectaram a persistência do antigénio HRP-2 durante e após a terapêutica com artemeter, reconhecendo que o sinal HRP-2 não tinha qualquer valor durante a primeira semana de tratamento, mas que parecia ser um indicador preciso do insucesso do tratamento em condições de campo, quando foi detectado no 14° dia após o tratamento. São necessários mais estudos neste domínio. Outras limitações estão especificamente relacionadas com aspectos técnicos do sistema de ensaio. Por exemplo, o anticorpo monoclonal Ig G utilizado no ParaSight1 F pode ter uma reação cruzada com o fator reumatoide sérico e ser a causa de uma resposta falsa positiva (Laferi et al.1997).p Ensaios imunocromatográficos baseados na LDH A lactato desidrogenase do parasita (p LDH) (Makler et al.1993; Piper et al. 1996) é uma enzima glicolítica presente em todas as espécies de parasitas da malária dos seres humanos. Além disso, a p LDH de P. falciparum pode ser testada na presença de LDH do hospedeiro, utilizando a coenzima 3-acetilpiridina adenina dinucleótido (APAD), um análogo da nicotinamida-adenina dinucleótido (NAD) (Piper et al. 1999). Embora as constantes de Michaelis e Menten (km) sejam semelhantes, o keat (turnover number) da p LDH na presença de APAD é muito maior do que o da enzima humana com a mesma coenzima (Gomez et al. 1997). Esta caraterística deve-se, em parte, a alterações conformacionais que ocorrem na enzima (Dunn et al.1996).Os ensaios baseados na p LDH estão disponíveis em dois formatos: uma vareta seca semi-quantitativa (OptiMAL1, Flow

Inc., Port-land, OR, EUA), Esta última técnica captura a p LDH numa placa de microtítulo com um anticorpo monoclonal específico anti-p LDH, quantificando depois a quantidade de enzima capturada com uma reação enzimática que utiliza APAD. A atividade da p LDH ligada correlaciona-se bem com a densidade de parasitas viáveis no diagnóstico inicial. Mas a atividade da p LDH também demonstrou ser paralela ao nível de parasitas viáveis durante a terapia (Makler & Heinrichs 1993; Gomez et al. 1997; Piper et al. 1999). Esta última observação é especialmente importante, uma vez que este ensaio A H.Moody&P L. Chiodini pode assim ser utilizado para acompanhar a evolução do doente durante a terapia anti-malárica e alertar o médico para a presença de uma infeção resistente aos medicamentos se os níveis de p LDH não diminuírem em amostras sequenciais. Os níveis baixos de p LDH não podem ser facilmente medidos em termos de cor por este método enzimático devido à presença de redutases não específicas nos lisados sanguíneos. Por este motivo, foram formatados dois ensaios que utilizam anticorpos monoclonais (mAbs) que captam a p LDH. Estes mAbs foram criados contra a p LDH purificada a partir de eritrócitos infectados com P. falciparum. Variam no que respeita à sua reatividade com as isoformas de p LDH das diferentes espécies de malária humana. Dois dos mAbs são pan-específicos, reconhecendo as quatro espécies de malária. Um terceiro mAb reconhece apenas as isoformas de LDH de P. falciparum. Os anticorpos monoclonais utilizados no teste OptiMAL1 foram exaustivamente testados quanto à sua reatividade cruzada com a LDH de Leishmania, Babesia e bactérias ou fungos patogénicos, não tendo sido encontrada qualquer prova de tal reatividade cruzada (Makler & Hein-richs 1993). O teste de tiras imunocromatográficas (OptiMAL1), que se baseia nestes mAbs, utiliza um anticorpo pan-específico conjugado com ouro (6C9) para capturar a LDH de todas as espécies de Plasmodium de seres humanos. O complexo sangue/anticorpo desloca-se ao longo de uma tira de nitrocelulose na qual se encontram duas outras tiras de captura de anticorpos monoclonais, uma específica para P. falciparum (17E4) e um segundo anticorpo monoclonal pan-específico (19G7) para capturar as quatro espécies de Plasmodium. Está presente uma linha de controlo de captura de anticorpo monoclonal de cabra anti-rato para indicar um teste realizado com êxito. O complexo antigénio/anticorpo conjugado com ouro forma uma linha vermelha na banda de captura. A presença de três linhas (controlo .pan-específico .Pf-específico) indica que o antigénio de P. falciparum foi capturado. Duas linhas (controlo .pan-específico mas não Pf-específico) indicam uma espécie diferente de P. falciparum. Foram efectuados ensaios com o teste OptiMAL1 em muitos centros (John et al.1998; Palmer et al.1998; Quitanaet al. 1998; Hunt Cooke et al.1999; Moody et al. 2000) e foram comunicadas sensibilidades de 92^ 98%, com uma especificidade de 94%, para o P. falciparum e uma sensibilidade de 96% para o P. vivax. Estudos para avaliar os níveis de p LDH em amostras de sangue sequenciais colhidas de pacientes submetidos a quimioterapia antimalárica demonstraram que os níveis de p LDH acompanharam a parasitemia periférica e caíram para valores indetectáveis 3 a 5 dias após a terapia com quinino, o que poderia constituir uma ferramenta valiosa na monitorização da terapia antimalárica (Srinavasan et al. 2000). Nos últimos anos, os esforços para substituir a tradicional e fastidiosa leitura de esfregaços de sangue conduziram a técnicas de deteção de parasitas da malária com uma sensibilidade equivalente ou superior à da microscopia (Taylor & Voller 1993). As varetas imuno-cromatográficas oferecem a possibilidade de um método mais rápido e não microscópico para o diagnóstico da malária, poupando assim em formação e tempo.

Babesiose:

A babesiose é causada por parasitas hemoprotozoários do género Babesia. Embora tenham sido registadas mais de 100 espécies, apenas algumas demonstraram causar infeção humana. A Babesia microti e a Babesia divergens foram identificadas na maioria dos casos humanos (Hoare1980), mas têm sido observadas variantes (consideradas espécies diferentes) em zonas onde a malária é endémica, onde a Babesia pode ser facilmente confundida com Plasmodium. Esta carraça é também o principal vetor da espiroqueta da doença de Lyme, Borrelia burgdorferi (Benach & Habicht1981). Em áreas onde estas doenças são endémicas, as infecções simultâneas por ambos os agentes patogénicos em P. leucopus e em I. scapularis são comuns, mas foram notificados muito menos casos de babesiose humana do que de **doença de Lyme.** A maioria das infecções por Babesia microti são provavelmente assintomáticas (Ruebush et al. 1977), como indicam os estudos serológicos. As manifestações da doença incluem febre, arrepios, suores, mialgias, fadiga, hepato-esplenomegalia e anemia hemolítica. Os sintomas ocorrem tipicamente após um período de incubação de 1-4 semanas, podendo durar várias semanas. A doença é mais grave em doentes imunodeprimidos, esplenectomizados e/ou idosos. A esplenectomia prévia é o principal fator de risco para a infeção humana por B. divergens e os casos tendem a ser mais graves (frequentemente fatais) do que os devidos a B. microti, em que normalmente ocorre recuperação clínica. Babesia microti e Babesia divergens são parasitas intra-eritrocíticos e o exame de esfregaços de sangue corados com Giemsa é considerado o procedimento de diagnóstico mais útil. As formas em tétrade (cruz de Malta) da Babesia microti são a principal caraterística de diagnóstico da infeção por esta espécie. No entanto, a forma predominante na maioria dos esfregaços de sangue assemelha-se muito aos estádios em anel do Plasmodium spp. (Garnham 1980), com vacúolos citoplasmáticos pequenos a grandes. Por conseguinte, é por vezes difícil diferenciar **a Babesia microti do Plasmodium spp.,** especialmente das fases iniciais em anel do Plasmodium falciparum.

Ao contrário do Plasmodium, a Babesia não forma pigmentos. A Babesia divergens forma pares piriformes amplamente divergentes característicos na periferia do eritrócito e esta espécie de Babesia deve ser menos facilmente confundida com os parasitas da malária. As infecções por Babesia nos seres humanos desencadeiam respostas imunitárias humorais. Um ensaio de anticorpos imunofluorescentes indirectos (IFA) pode ser utilizado para o diagnóstico de casos clínicos. Embora tenham sido detectados títulos elevados em doentes durante a fase aguda, um ponto de corte de l: 64 é geralmente aceite como diagnóstico nos testes IFA (Ruebush et al.1977). A IFAT de B. microti tem uma sensibilidade registada de 88-96% e uma especificidade de 90-100%. A sub-inoculação de amostras de sangue de doentes em hamsters pode fornecer um diagnóstico através da amplificação da parasitemia. Além disso, a utilização da reação em cadeia da polimerase (PCR) provou ser útil no diagnóstico de infecções zoonóticas por Babesia. Utilizando iniciadores específicos do género e da espécie, pode ser feito um diagnóstico definitivo no espaço de um dia. Em áreas endémicas de Babesia microti, as taxas de infeção nas populações de ratos podem atingir 60%.

Ehrlichiose

Nos últimos 10 anos, duas doenças transmitidas por carraças causadas por Ehrlichia spp. foram reconhecidas nos Estados Unidos. A Ehrlichiose Monocítica Humana (HME) foi descrita pela primeira vez em 1986. É causada pela E. chajeensis, que só foi identificada em 1991. A Erliquiose Granulocítica Humana (HGE), uma forma alternativa de HME, foi reconhecida como uma nova doença em 1993. O seu agente causador é ainda incerto, embora seja semelhante à Ehrlichia equi descrita em cavalos.

A erliquiose é caracterizada por febre associada à presença de aglomerados de pequenos organismos observados em monócitos circulantes na coloração de Giemsa. A serologia por IFA utilizando células infectadas com E. chajeensis é o método preferido de diagnóstico (Taylor et al.1998).

Tripanossomíase:

Os tripanossomas africanos são protozoários hemo flagelados pertencentes ao complexo Trypanosoma brucei. Duas subespécies morfologicamente indistinguíveis causam padrões de doença distintos nos seres humanos; T. b. gambiense causa a doença do sono da África Ocidental e T. b. rhodesiense causa a doença do sono da África Oriental. Um terceiro membro do complexo, T. b. brucei, não infecta os seres humanos em condições normais. Ciclo de vida. O T. brucei é transmitido por moscas tsé-tsé do género Glossina. A mosca ingere os parasitas quando se alimenta de sangue de um mamífero infetado. Os parasitas multiplicam-se na £y, passando por várias fases de desenvolvimento no intestino do inseto e nas glândulas salivares (tripanossomas procíclicos, epimastigotas e tripanossomas metacíclicos). O ciclo na £y leva aproximadamente 3 semanas. Quando o animal pica outro mamífero, os tripanossomas metacíclicos são inoculados e multiplicam-se no sangue e nos fluidos extracelulares do hospedeiro, como o fluido cerebrospinal (Omerod 1979). Os seres humanos são o principal reservatório de T. b. gambiense, enquanto que os animais de caça selvagens são o principal reservatório de T. b. rhodesiense. A distribuição do T. b. rhodensiense é muito mais limitada, encontrando-se na África Oriental e do Sudeste.

Características clínicas:

A infeção ocorre em três fases. Uma fase tripanossómica pode desenvolver-se no local da inoculação. Segue-se uma fase hemolinfática com sintomas que incluem febre, linfadenopatia e prurido.

Na fase meningoencefalítica, a invasão do sistema nervoso central pode causar dores de cabeça, sonolência, comportamento anormal e levar ao coma. O curso da infeção é muito mais agudo com o T. b. rhodensiense do que com o T. b. gambiense.

Diagnóstico laboratorial:

O diagnóstico baseia-se na demonstração dos tripanossomas através do exame microscópico do líquido do cancro, de aspirados de gânglios linfáticos, do sangue, da medula óssea e, nas fases tardias da infeção, do líquido cefalorraquidiano. Para além de um esfregaço fixo corado com Giemsa (ou Field's), deve examinar-se uma preparação húmida de sangue ou, quando indicado, de LCR, para deteção de tripanossomas móveis. Podem ser utilizadas técnicas de concentração antes do exame microscópico. No caso das amostras de sangue, estas técnicas incluem a coloração com Giemsa de esfregaços de sangue espessos, o exame de preparações de buffy coat coradas com Giemsa a partir de tubos de hematócrito (Woo & Hawkins 1975) ou a utilização da técnica quantitativa de buffy coat (QBC1). As minicolunas de permuta aniónica, que utilizam a diferença de carga eléctrica entre a superfície dos tripanossomas e a das células sanguíneas para ejetar uma separação numa coluna de cromatografia de permuta aniónica (Lumsden et al. 1979), detectam apenas 5^A 10 tripomastigotas por mililitro de sangue. Para outras amostras, como o líquido cefalorraquidiano, as técnicas de concentração incluem centrifugação seguida de exame do sedimento. O isolamento do parasita por inoculação de ratos ou ratazanas é um método sensível, mas a sua utilização está limitada ao T. b.rhodesiense.

O teste de aglutinação indireta em cartão para a tripanossomíase (CIATT) é um teste rápido e simples, que se baseia na deteção de antigénios de tripanossomas. ªO teste foi objeto de avaliação num estudo multicêntrico realizado no Gana, na Costa do Marfim, na Tanzânia e no Uganda (Penchenier etal. 1991; Enyaru et al. 1998; Akol et al. 1999). Os resultados do CIATT concordam bem (60^ 90% de concordância) com os resultados dos testes PCR.

Tripanossomíase americana:

Ciclo de vida. O protozoário parasita, Trypanosoma cruzi, causa a doença de Chagas, uma doença zoonótica que pode ser transmitida aos seres humanos por insectos reduviídeos sugadores de sangue. Os insectos redutores são infectados ao alimentarem-se de sangue humano ou animal que contém parasitas em circulação. Os parasitas multiplicam-se e diferenciam-se no intestino do inseto, dando origem a tripomastigotas metacíclicos infecciosos. Durante uma refeição de sangue subsequente num segundo hospedeiro vertebrado, os tripomastigotas são libertados nas fezes do inseto perto do local da ferida da picada. O hospedeiro é infetado através de rupturas na pele, nas membranas mucosas ou nas conjuntivas. No interior do hospedeiro, os tripomastigotas circulam no sangue periférico e acabam por invadir as células do hospedeiro, em especial o músculo estriado e o tecido intestinal, onde se diferenciam em amastigotas intracelulares. Os amastigotas multiplicam-se e diferenciam-se em tripomastigotas, que são libertados na circulação como tripomastigotas da corrente sanguínea. Os tripomastigotas da corrente sanguínea não se replicam (diferente dos tripanossomas africanos), e a replicação só é retomada quando os parasitas entram em outra célula ou são ingeridos por outro vetor. O T. cruzi também pode ser transmitido por transfusão de sangue, por transplante e em acidentes de laboratório.

A doença de Chagas crónica é um grave problema de saúde em muitos países da América Latina. Com o aumento dos movimentos populacionais, a possibilidade de transmissão por transfusão de sangue tornou-se mais substancial, por exemplo, nos Estados Unidos.

Características clínicas.

Pode aparecer uma lesão local (Chagoma) no local da inoculação. A fase aguda é geralmente sintomática, mas pode apresentar manifestações que incluem febre, anorexia, linfadenopatia, hepato-esplenomegalia ligeira e miocardite. A maioria dos casos agudos evolui durante um período de 2-3 meses para uma fase crónica assintomática. A fase crónica sintomática pode não ocorrer durante anos ou mesmo décadas após a infeção inicial. As suas manifestações incluem cardiomiopatia (a manifestação mais grave), megacólon e megaesófago.

Diagnóstico laboratorial:

A demonstração do parasita é o procedimento de diagnóstico de eleição na doença de Chagas aguda. Os tripanossomas podem ser observados no exame microscópico do sangue fresco anticoagulado ou da camada leucocitária fresca para parasitas móveis, que são observados apenas na fase aguda inicial da infeção. O exame de esfregaços de sangue finos e espessos corados com Giemsa pode revelar organismos em fase tripomastigota, caracterizados pela sua forma típica em "c" e cinetoplasto grande. O isolamento do agente pode ser efectuado por (a) inoculação em ratinhos (b) cultura em meios especializados (por exemplo, meio NNN). Ocasionalmente, recorre-se ao xenodiagnóstico, em que os insectos reduviídeos não infectados são alimentados com o sangue do doente e o conteúdo intestinal do inseto é examinado para deteção de parasitas 4 semanas mais tarde.

A serologia é o método de diagnóstico geralmente utilizado na fase crónica da infeção, quando os tripomastigotas já desapareceram praticamente do sangue periférico. Estão disponíveis os métodos ELISA, IFAT e vários métodos de aglutinação.

Estudos recentes centraram-se na seroprevalência de T. cruzi em dadores de sangue em risco de infeção, uma área em que é necessário mais trabalho (Leiby et al. 1999).

Leishmaniose:

Leishman e Donovan (Leishman 1903) descreveram pela primeira vez o parasita causador da leishmaniose visceral em 1903, tendo cada um deles demonstrado separadamente parasitas em esfregaços corados do baço de doentes que sofriam de uma doença semelhante à malária. Esta doença ficou conhecida como leishmaniose visceral e o seu agente causador foi designado por Leishmania donovani. Em 1908, Nicolle referiu que os mamíferos, incluindo os cães, podiam atuar como hospedeiros reservatórios de Leishmania. Em 1927, Adler & Theodar, utilizando voluntários humanos, provaram que o parasita da leishmania podia ser transmitido por flebotomíneos e libras.

Os parasitas tripanosomatídeos do género Leishmania dão origem a uma variedade de manifestações de doença, conhecidas coletivamente como leishmaniose. A leishmaniose prevalece nas regiões tropicais e subtropicais de África, Ásia, Mediterrâneo, Europa do Sul (Velho Mundo) e América do Sul e Central (Novo Mundo). Estima-se que cerca de 12 milhões de pessoas estejam atualmente infectadas e que mais 367 milhões em 88 países estejam em risco de contrair leishmaniose, 72 dos quais são países em desenvolvimento, 13 dos quais se encontram entre os menos desenvolvidos do mundo. Estima-se que a taxa de incidência anual seja de 1A 1,5 milhões de casos de leishmaniose cutânea e 500 000 casos de leishmaniose visceral. Leishmaniose visceral ou Kala-azar (em hindi: kala .black, azar . sickness). Os agentes etiológicos pertencem ao complexo Leishmania donovani, L. d. donovani e L.d. in fantum no Velho Mundo e L. d. chagasi no Novo Mundo. As espécies do Velho Mundo são transmitidas pelo vetor Phlebotomus. Sabe-se que os seres humanos, os animais selvagens e os animais domØsticos sªo hospedeiros reservatórios. Lut-zomyia longipalpis é o único vetor arenoso que tem sido implicado na transmissão das espécies de Leishmania do Novo Mundo e sabe-se que os cães selvagens e domésticos servem de hospedeiros reservatórios. A leishmaniose visceral é endémica nas regiões tropicais e subtropicais de África, Ásia, Mediterrâneo, Europa do Sul, América do Sul e Central. No entanto, a distribuição da LV nestas áreas não é uniforme; é irregular e frequentemente associada a áreas de seca, fome e aldeias densamente povoadas com pouco ou nenhum saneamento. Nas zonas endémicas, as crianças com menos de 15 anos são geralmente afectadas. Nos casos esporádicos e epidémicos de LV, as pessoas de todas as idades são susceptíveis, sendo os homens pelo menos duas vezes mais propensos a contrair a doença do que as mulheres, exceto aqueles a quem foi conferida imunidade devido a uma infeção anterior. Noventa por cento dos casos de LV ocorrem no Bangladesh, na Índia, no Nepal e no Sudão. Na bacia do Mediterrâneo, 1,5^ 9% dos doentes com SIDA desenvolvem leishmaniose visceral e 25Λ70% dos casos de LV em adultos estão relacionados com a infeção pelo VIH. Tanto as formas da doença no Novo Mundo como no Velho Mundo apresentam sintomas semelhantes e são frequentemente complicadas por infecções secundárias. O ciclo de vida da Leishmania. O vetor do mosquito da areia fica infetado quando se alimenta do sangue de um indivíduo infetado ou de um hospedeiro reservatório animal. Os parasitas da leishmania vivem nos macrófagos como amastigotas redondos e não móveis (3^ 7 micrómetros de diâmetro). Durante a refeição de sangue, a areia ingere os macrófagos e os amastigotas são libertados no estômago do inseto. Quase imediatamente, os amastigotas transformam-se na forma promastigota móvel, alongada (10Λ20 mm) e agelada. Os promastigotas migram então para o trato alimentar do £y, onde vivem extracelularmente e se multiplicam por fissão binária. Quatro a cinco dias após a alimentação, as promastigotas avançam para o esófago e para as glândulas salivares do inseto.

Quando o mosquito da areia se alimenta de um hospedeiro mamífero, a sua probóscide perfura a pele, a saliva contendo anticoagulante é injectada na ferida para evitar a coagulação do sangue e as promastigotas de leishmania são transferidas para o hospedeiro juntamente com a saliva. Uma vez no hospedeiro, as promastigotas são absorvidas pelos macrófagos, onde rapidamente se transformam na forma amastigota. As leishmanias são capazes de resistir à ação microbicida das hidrolases ácidas libertadas pelas lisozimas e, por isso, sobrevivem e multiplicam-se no interior dos macrófagos, levando eventualmente à sua lise. As amastigotas libertadas são absorvidas por outros macrófagos e assim o ciclo continua. Por fim, todos os órgãos que contêm macrófagos e fagócitos são infectados, especialmente o baço, o fígado e a medula óssea. O termo Kala-azar, utilizado para descrever a LV estabelecida, referia-se originalmente à LV indiana com o seu enegrecimento ou escurecimento caraterístico da pele das mãos, pés, face e abdómen (Lainson & Shaw1987). A leishmaniose visceral pode ser complicada por infecções bacterianas secundárias graves, como a pneumonia, a disenteria e a tuberculose pulmonar, que contribuem frequentemente para a elevada taxa de mortalidade dos doentes com LV. Outras complicações, mais raras, incluem anemia hemolítica, lesão renal aguda e hemorragia grave das mucosas. O diagnóstico preliminar baseia-se nos sintomas e sinais clínicos da leishmaniose visceral, tais como esplenomegalia, hepatomegalia e febre alta ondulante. No entanto, estes sinais, por si só, não conseguem diferenciar a LV de outras doenças semelhantes, como a malária, a febre recorrente, o abcesso hepático e a tripanossomíase.

Diagnóstico parasitológico

Aspirado esplénico ou biopsia hepática A pesquisa de parasitas no baço e no fígado é um dos métodos mais exactos disponíveis para determinar infecções por

Leishmania. O aspirado esplénico é preferível à biopsia hepática. Noventa por cento dos casos activos apresentam parasitas no aspirado esplénico. Parte do aspirado esplénico pode ser usado para fazer esfregaços para exame microscópico direto e o resto deve ser cultivado. A L. donovani cresce bem em Novy MacNeal Nicolle (NNN) ou no meio de Schneider para insectos suplementado com 10% v/v de soro fetal de vitelo, embora possam ser usados igualmente outros meios de crescimento adequados. É menos provável que o material da biopsia hepática revele parasitas no exame direto ou em cultura, mas o exame histológico pode mostrar amastigotas nas células de Kupfler no sistema portal.

Aspirado de medula óssea. A aspiração da medula óssea é um método mais avançado do que o aspirado esplénico ou a biopsia hepática. É menos provável que demonstre parasitas em esfregaços corados (Williams1995), mas em cultura pode dar resultados positivos em até 80% dos casos.

A punção dos gânglios linfáticos dá resultados positivos em 60% dos casos em que os gânglios linfáticos estão aumentados. O sumo é extraído de qualquer glândula linfática aumentada e sujeito a exame direto e a cultura para proporcionar a melhor hipótese de diagnóstico. Casaco de búfalo. A deteção de parasitas Leishmania no sangue é por vezes possível em doentes com Kala-azar da Índia. O sangue em anticoagulante é centrifugado a 2000 g durante 10 minutos e as células da camada leucocitária são retiradas e utilizadas para preparar esfregaços e inocular culturas. Os amastigotas podem ser encontrados dentro e à volta dos macrófagos. O volume utilizado para a inoculação de culturas é importante; a adição de 1[A] 3gotas ao meio NNNou Schneider tem dado resultados bem sucedidos (Lopez-Velez et al.1995;Williams199).**Diagnóstico serológico**. O IFAT é um dos testes mais sensíveis disponíveis e baseia-se na deteção de anticorpos, que são demonstráveis nas fases muito precoces da infeção e indetectáveis 6 a 9 meses após a cura. Se os anticorpos persistirem em baixos títulos, é uma indicação de uma provável recaída. Os títulos superiores a 1/20 são significativos e superiores a 1/128 são diagnósticos (Williams 1995). Existe a possibilidade de reação cruzada com anticorpos antitripanossómicos.

No entanto, este problema pode ser ultrapassado utilizando amastigotas de Leishmania em vez de promastigotas como antigénio (Gari-Toussaint et al. 1994).

Ensaio de imunoabsorção enzimática (ELISA):

O teste ELISA tem uma sensibilidade superior a 98%. O antigénio é preparado a partir de promastigotas de L. Donovani e o teste pode ser efectuado em soro, plasma ou manchas de sangue colhidas em papel de filtro. É útil no terreno devido à sua simplicidade, mas não são raros os falsos positivos. O IFAT e o DAT são preferíveis para o diagnóstico laboratorial (Lainson &Shaw1987).Um teste imunocromatográfico rápido que utiliza

O antigénio rK39 produzido a partir da membrana de amastigotas tem dado resultados úteis no diagnóstico da LV.

Teste de aglutinação direta:

O DAT é um teste altamente específico e sensível. É barato e simples de executar, o que o torna ideal tanto para utilização no terreno como em laboratório. O antigénio é preparado a partir de promastigotas de L. donovani e o teste pode ser realizado em plasma, soro, manchas de sangue e sangue total. Os títulos de anticorpos de 1: 3200 são considerados positivos (El-Harith et al.1995; El-Harith et al.1996).

Teste do gel de formol:

O teste do gel de formol tem a vantagem de ser barato e simples de efetuar. O soro obtido a partir de cerca de 5 ml de sangue é misturado com uma gota de formaldeído a 30%. A reação é positiva se a mistura se solidificar e formar um precipitado branco opaco em 20 minutos. Um teste positivo não pode ser detectado até 3 meses após a infeção e torna-se negativo 6 meses após a cura.

O teste não é específico, uma vez que se baseia na deteção de níveis elevados de IgG e IgM que também resultam de outras infecções, como a tripanossomíase africana, a malária e a esquistossomose (Napier 1921), pelo que a sua utilidade é muito limitada. São preferidos os testes específicos Sondas moleculares. Recentemente, foram avaliadas sondas moleculares, utilizando ADN de cinetoplasto (kDaNA), ARN ribossómico (ARNr), ARN derivado de miniexão (ARNm) e repetições genómicas. Foi desenvolvida uma sonda para reconhecer a repetição de ADN genómico Lmet2 que é específica para L. dono-vani. Esta sonda foi utilizada para diagnosticar a infeção em doentes humanos com LV e em Phlebotomus martini, o mosquito vetor da L. donovani (Wilson 1995). As primeiras sondas de ADN eram marcadas com 32P radioativo, eram fáceis de utilizar e davam sinais elevados com baixa interferência de fundo. No entanto, não eram adequadas como kits de diagnóstico, uma vez que o 32P tem uma semi-vida curta de cerca de 14 dias e, sendo radioactivas, apresentavam problemas de segurança.

Recentemente, foram desenvolvidas sondas de ADNk marcadas com digoxigenina e hapteno quimioluminescente. Estas sondas são tão sensíveis como as sondas marcadas com 32P (podem detetar até 100 parasitas) e são suficientemente estáveis para serem utilizadas em kits de diagnóstico, que são mais práticos no terreno. Contudo, os sinais de fundo elevados tornam a interpretação dos resultados difícil (Al-Masum et al. 1995; Simonsen & Dunyo 1999). Os últimos desenvolvimentos no domínio da

A tecnologia de diagnóstico foi introduzida com o advento da reação em cadeia da polimerase (PCR). A PCR é capaz de amplificar pequenas quantidades de ADN ou ARN em quantidades maiores e utilizáveis (Nuzumetal . 1995;Williams1995;Wilson1995).

Embora a PCR seja capaz de detetar uma única cópia do ADN alvo, são utilizadas sequências repetidas para melhorar a sensibilidade. Os primeiros ensaios PCR exigiam a eletroforese em gel para interpretar os resultados, o que consumia muito tempo e não era adequado para utilização no terreno. Foi desenvolvido um ensaio melhorado de hibridação enzimática com solução de PCR (PCR-SHELA) que tem sido utilizado para diagnosticar a infeção por L. donovani em doentes na Índia, Quénia e Brasil com 90% de sensibilidade e 100% de especificidade (Nuzum et al. 1995). Também foi utilizado como uma ferramenta de pesquisa epidemiológica na América Central para detetar a presença de L. chagasi. A PCR-SHELA utiliza uma sonda marcada com biotina; o produto pode ser detectado utilizando um espetrofotómetro e o ensaio pode ser realizado em placas de microtítulo (Wilson 1995).

Helmintos

Filariose

Loa loa. A loíase ocorre principalmente na África Ocidental e no Sudão.

Ciclo de vida. O inseto vetor é o veado Chrysops spp. que costuma habitar zonas pantanosas da floresta. Depois de serem ingeridas quando o veado se alimenta de sangue, as larvas migram para os corpos gordos onde se desenvolvem, antes de migrarem para as peças bucais quando atingem o estádio L3 infecioso.

Os adultos deste parasita filarial vivem nos tecidos subcutâneos dos seus hospedeiros definitivos, que são os humanos e outros primatas. As fêmeas medem de 20 a 70 mm de comprimento e 425 mm de diâmetro, sendo os machos substancialmente mais pequenos (20^A 34 mm de comprimento e 350 mm de diâmetro).

A loíase é frequentemente assintomática, mas podem ocorrer inchaços subcutâneos edematosos episódicos (inchaços de Calabar) e migração subconjuntival de um verme adulto. As fases larvares (microfilárias) são libertadas para a circulação.

Diagnóstico laboratorial:

O diagnóstico laboratorial é efectuado através da demonstração de microfilárias características no sangue. As microfilárias, que são revestidas, encontram-se no sangue periférico durante o dia, com um pico entre as 1200 e as 1400 horas, e nos pulmões durante a noite. São utilizados vários métodos para as demonstrar e identificar, sendo o mais útil o da concentração por filtração de sangue anti-coagulado através de uma membrana nuclepore1 de 5 mm de poro para capturar todas as microfilárias. A confirmação pode ser obtida através da coloração das microfilárias com uma combinação de coloração de Giemsa e hematoxilina de Dela field para mostrar a presença de uma bainha e extensão nuclear até à extremidade da cauda romba. Observa-se um aumento significativo do número de eosinófilos durante o desenvolvimento de vermes adultos, mas não é específico (Dennis 1993).

Técnicas serológicas (ELISA ou IFAT)

A utilização de extractos de vermes inteiros ou de microfilárias como antigénios pode ser utilizada para demonstrar anticorpos contra a filária. A deteção de anticorpos é útil quando as microfilárias não podem ser demonstradas, mas os ensaios não são específicos da espécie e apresentam reação cruzada com várias outras espécies de filárias. O desenvolvimento e a utilização de anticorpos monoclonais específicos num ELISA para a deteção de antigénios circulantes irá provavelmente aumentar a especificidade dos ensaios. Um trabalho realizado no Gabão (Toure et al. 1999), utilizando serologia para IgG4 e nested PCR, demonstrou que a deteção de ADN específico de Loa loa utilizando amplificação por nested-PCR é o método mais sensível na deteção de loaisis , particularmente em infecções ocultas sem microfilárias circulantes. As sondas de ADN específicas para a filariose não são tão úteis para o diagnóstico de doentes como para fins epidemiológicos.

Wuchereria bancrofti/Brugia malayi:

Os nemátodos parasitas Wuchereria bancrofti, Brugia malayi e Brugiatimori são os agentes causadores da filariose linfática humana.

A infeção por estes parasitas consiste, na maioria das vezes, em microfilarémia assintomática. Alguns doentes desenvolvem disfunção linfática causando linfedema e elefantíase (frequentemente nas extremidades inferiores) e, com a Wuchereria bancrofti, hidrocele e elefantíase escrotal. Podem ocorrer episódios de linfangite febril e linfadenite. Os indivíduos recém-chegados a áreas endémicas podem desenvolver episódios febris de linfangite e linfadenite. Uma manifestação adicional da infeção por Φiariai, sobretudo na Ásia, é a síndrome de eosinofilia tropical pulmonar, com tosse nocturna e pieira, febre e eosinofilia

Diagnóstico laboratorial:

Baseia-se na deteção de microfilárias em amostras de sangue periférico. A recolha da amostra é ditada pela periodicidade da microfilarémia, que é determinada pela origem geográfica das infecções. As microfilárias são observadas durante a noite (2200^ 0200 h) na maioria das áreas, exceto em algumas partes do Pacífico Sul, onde a Brugia timori ocorre durante o dia. Podem ser utilizadas técnicas de concentração e filtração, tal como descrito para a Loaloa. Um estudo realizado no sudoeste da Etiópia (Dennis 1993) afirmou que a filtragem de 5 ml de sangue diurno evitava a necessidade de examinar o sangue noturno, apesar de uma grande proporção de pessoas infectadas ter um número muito baixo de microfilárias em circulação.

Foi utilizada com êxito uma técnica de microtubos hematócritos utilizando o sistema QBClsystem para diagnosticar a filariose, sendo as microfilárias vistas acima do revestimento de bujy, com os núcleos corados com AO sob luz ultravioleta (Long et al.1990). Foram avaliados três novos instrumentos disponíveis no mercado para o diagnóstico de infecções por Wuchereria bancrofti com base na deteção de antigénios específicos em circulação. Estes testes são (1) O teste ICT card para amostras de soro ou sangue (2) O Trop Bio ELISA para amostras de soro. O TropBio ELISA para amostras de papel de filtro. A sensibilidade para a deteção de casos microfilarémicos foi de 100% para os três.

Além disso, foi observada uma correlação significativa com a intensidade da microfilária com o teste de papel de filtro TropBio (Simonsen & Dunyo1999).

PCR-ELISA utilizando produtos de PCR marcados com digoxigenina

A hibridação com uma sonda marcada com biotina, seguida de incubação em poços de microtítulo revestidos com estreptavidina e deteção utilizando peroxidase anti digoxigenina e ABTS é um método específico e sensível que melhora os métodos microscópicos (Rahmah et al.1998). Outras microfilárias encontradas no sangue periférico são Mansonella ozzardi e Mansonella perstans, cada uma das quais pode ser detectada por filtração de amostras de sangue diurno utilizando uma membrana com poros de 3 mm em vez de 5 mm. São microfilárias sem bainha e são reconhecidas pelo seu tamanho mais pequeno e cauda romba com um núcleo proeminente na extremidade (M. perstans) ou cauda pontiaguda sem núcleos (M.ozzardi).

Conclusão

Os métodos de imunodiagnóstico e moleculares tornar-se-ão cada vez mais importantes para a deteção e identificação de parasitas do sangue. No entanto, a microscopia ótica continuará a ser necessária num futuro previsível, e os hematologistas devem manter a sua proficiência no diagnóstico morfológico dos parasitas sanguíneos comuns dos seres humanos, especialmente da malária.

Referências

Akol M.N., Olaho-MukaniW., Odiit M., Enyaru J.C., Matovu E. &Mago N. (1999) Trypanosomiasis agglutination card test for Trypanosoma rhodesiense sleeping sickness. East African Med-ical Journal 76,38^ 41.

Al-Masum M. A., Evans D.A., Minter D.M., & Harith A. (1995)
Leishmaniose visceral no Bangladesh: o valor do DAT como instrumento de diagnóstico. Transactions of the Royal Society of Tropical Medicine and Hygiene 89,185186.

Baird J.K, Palomo & Jones T.R. (1992)
Diagnóstico da malária no terreno por microscopia de fluorescência de tubos capilares QBC1 . Transacções da Sociedade Real de Medicina Tropical e Higiene 86,3Λ5.

Barker R.H., Banchongaksor N.T., Courval M.M., Suwonkerd W., Rimwungtragoon K. & Wirth D.R. (1992)
Um método simples para detetar a infeção por Plasmodium falciparum em pacientes humanos: uma comparação do método da sonda de ADN com o diagnóstico microscópico. American Journal of Tropical Medicine and Hygiene 41, 266272 .

Beadle C., Long G.W., WeissW.R., Meelroy P.D., Maret S.M., Oloo A.J. & Hojman S.L. (1994)
Diagnóstico da malária através da deteção do antigénio Plasmodium falciparum HRP-2 com um ensaio rápido de captura por punção. Lancet i,564Λ568.

Benach J.L. & Habicht G.S. (1981)

Características clínicas da babesiose humana . Jornal de Infecciosas Doenças 86, 144 .

Benito A., Roche J., Molina R.A., Mela C. & Alvar J. (1994)

Aplicação e avaliação do diagnóstico de malária QBC1 numa zona aloendémica. Applied Parasitology 35, 266^ 272.

Bosch I., Bracho C., & Perez H.A. (1996)

Diagnóstico da malária por microscopia fluorescente de laranja de acridina numa zona endémica da Venezuela. Memórias do Instituto Oswald Cruz 91,83^86.

Clendeman T.E., Long G., & Baird J.K. (1995)

QBC1 e esfregaços de sangue espesso corados com Giemsa: desempenho diagnóstico dos técnicos de laboratório. Transactions of the Royal Society of TropicalMedicine and Hygiene 86,378 .

Cooke A.H., Moody A.H., Lemon K., Chiodini P.L. & Horton J.(1992) Use of the fluorochrome Benzothiocarboxypurine in malaria diagnosis. Transactions of the Royal Society of TropicalMedicine and Hygiene 87,549 .

Cooke A.H., Morris-Jones S., Horton J., Greenwood B.M., Moody A.H. & Chiodini P.L. (1993)

Avaliação da Benzothiocarboxy-purine para o diagnóstico da malária numa zona endémica . Transacções da Sociedade Real de Medicina Tropical e Higiene .

Craig M.H. & Sharp B.L. (1997)

Avaliação comparativa de quatro técnicas para o diagnóstico de Infecções por Plasmodium . Transacções da Sociedade Real de Medicina Tropical Medicina e Higiene 91, 279^ 282.

Delacollett D. & Vander Stuyft P. (1994)

A coloração direta com laranja de acridina não é uma solução "milagrosa" para os problemas de diagnóstico de malária no terreno. Transactions of the Royal Society of Tro-picalMedicine and Hygiene 88,187∧188.

Dennis V.A. (1993)

Densidade de microfilárias, alterações hematológicas e níveis séricos de anticorpos em Rhesus infectados com Loa low. Ameri-can Journal of Tropical Medicine and Hygiene 49,763771 .

Dietz R., Perkins M., Boulos M., Luz F., Reller B. & Corey C.R.(1995)

O diagnóstico de Plasmodium utilizando um novo sistema de deteção de antigénios . American Journal of Tropical Medicine and Hygiene .

Capítulo 4

DIAGNÓSTICO DA BRUCELOSE NOS ANIMAIS DE CRIAÇÃO E NA FAUNA SELVAGEM

Objetivo: Descrever e discutir os méritos de vários métodos directos e indirectos aplicados *in vitro* (principalmente no sangue ou no leite) ou *in vivo* (teste alérgico) para o diagnóstico da brucelose em animais.

Métodos: A literatura recente sobre testes de diagnóstico da brucelose foi revista. Estes testes de diagnóstico são aplicados com diferentes objectivos, como o rastreio nacional, o diagnóstico de confirmação, a certificação e o comércio internacional. A validação destes testes de diagnóstico continua a ser um problema, particularmente na fauna selvagem. A escolha da estratégia de teste depende da situação epidemiológica prevalecente da brucelose e do objetivo do teste.

Resultados: A medição da cinética da produção de anticorpos após a infeção por *Brucella* spp. é essencial para analisar corretamente os resultados serológicos e pode ajudar a prever o aborto. Os ELISA indirectos ajudam a discriminar 1) entre reacções serológicas falsas positivas e brucelose verdadeira e 2) entre vacinação e infeção. A biotipagem de *Brucella* spp. fornece informações epidemiológicas valiosas que permitem rastrear uma infeção até às fontes nos casos em que circulam vários biótipos de uma determinada espécie de *Brucella*. É provável que a reação em cadeia da polimerase e o novo método molecular sejam utilizados como métodos de rotina para a tipagem e a recolha de impressões digitais nos próximos anos.

Conclusão: O diagnóstico da brucelose em animais domésticos e selvagens é complexo e os resultados serológicos têm de ser cuidadosamente analisados. As vacinas *B. abortus* S19 e *B. melitensis* Rev. 1 são as pedras angulares dos programas de controlo em bovinos e pequenos ruminantes, respetivamente. Não existe vacina disponível para suínos ou animais selvagens. Na ausência de uma vacina contra a brucelose humana, a prevenção da brucelose humana depende do controlo da doença nos animais. *As Brucellae* são bactérias Gram-negativas, intracelulares facultativas que podem infetar muitas espécies de animais e o homem. São reconhecidas dez espécies dentro do género Brucella. Existem 6 espécies "clássicas": Brucella *abortus, Brucella meli!en.sis, Bruc.ella suis, Brucella ovis, Brucella canis* e *Brucella ueotomae.* Esta classificação baseia-se principalmente em diferenças na patogenicidade e na preferência pelo hospedeiro. A distinção entre espécies e entre biovares de uma dada espécie é atualmente efectuada utilizando testes diferenciais baseados na caraterização fenotípica de antigénios de lipopolissacáridos (LPS), tipagem de fagos, sensibilidade a corantes, necessidade de CO2, produção de H2S e propriedades metabólicas.As principais espécies patogénicas a nível mundial são a *B. abortus,* responsável pela brucelose bovina; a *B. melitensis,* o principal agente etiológico da brucelose ovina e caprina; e a *B. suis,* responsável pela brucelose suína. Estas 3 espécies de *Brucella* causam aborto ("tempestade de aborto" em novilhas ingénuas), e quando a brucelose é detectada num rebanho, bando, região ou país, os regulamentos veterinários internacionais impõem restrições ao movimento e comércio de animais, o que resulta em enormes perdas económicas. Estas são as razões pelas quais os programas de controlo ou erradicação da brucelose em bovinos, pequenos ruminantes e suínos foram implementados em todo o mundo.

A B. ovis e a *B. canis* são responsáveis pela epididimite do carneiro e pela brucelose canina, respetivamente. No caso da *B. neotomae,* apenas foram comunicadas estirpes isoladas de ratazanas do deserto *(Neotomalepida)* na América do Norte. Recentemente, foram descritas 4 novas espécies de *Brucella*: *Brucella pinnipedialis* e *Brucella ceti*, isoladas predominantemente de focas e cetáceos, respetivamente; *Brucella microti*, isolada de ratazanas comuns *(Microtus arvalis)*, do solo e de raposas B(*Vulpes vulpes)* (8); e *Brucella in opinata*, isolada de um implante mamário. Existe um padrão geral de restrição de hospedeiros entre as diferentes espécies de *Brucella*, o que significa que diferentes espécies *de Brucella* infectam diferentes hospedeiros preferenciais. Mesmo dentro da *espécie B. suiss*, diferentes biovares infectam preferencialmente diferentes espécies de animais hospedeiros (1-3). De facto, *os biovares* 1 e 3 da *B. suis infectam* os suídeos, a biovar 2 infecta os suídeos e a lebre *(Lepus europeanus), a biovar* 4 infecta a rena (*Rangifer tarandus tarandus*) e o caribu (*Rangifer tarandus granti*) e a biovar 5 foi isolada de roedores na Rússia. Todas as espécies de *Brucella* podem também infetar espécies selvagens. As espécies clássicas de *Brucella* foram isoladas de uma grande variedade de espécies selvagens, tais como bisontes, alces, suínos selvagens, javalis, raposas, lebres, búfalos africanos, renas e caribus. A fim de aplicar medidas de controlo adequadas para combater a brucelose selvagem, é muito importante distinguir entre um alastramento da infeção contraída a partir de animais domésticos e uma infeção sustentável (10). Neste último caso, a preocupação dos criadores de gado

O objetivo da indústria é evitar a reintrodução da infeção no gado (spill-back), particularmente em regiões ou estados que são "oficialmente livres de brucelose". Se o estatuto de "oficialmente indemne de brucelose" for perdido, os animais domésticos têm de ser testados antes de serem comercializados, o que impõe custos enormes. Esta situação é exemplificada por episódios recentes de bovinos infectados com *B. abortus* transmitida por alces na Grande Área de Yellowstone nos EUA (11) e de suínos criados ao ar livre infectados com *B. suis* biovar 2 transmitida por javalis em França (12). A brucelose é uma zoonose estabelecida: foram atribuídas infecções a pelo menos 5 das 6 espécies clássicas de *Brucella* em mamíferos terrestres. Estudos efectuados em todo o mundo indicam que a eliminação do reservatório animal da brucelose resultou num declínio substancial da incidência da doença humana. Atualmente, os trabalhadores de laboratório encontram-se entre os mais frequentemente infectados. Foi relatado que estirpes de *Brucella* de mamíferos marinhos causaram a infeção de um trabalhador de laboratório no Reino Unido, bem como infecções adquiridas naturalmente no Peru e na Nova Zelândia. Espécies e biovares de *Brucella*, hospedeiros preferenciais e patogenicidade para os seres humanos . O sinal clínico mais importante da brucelose é o aborto na primeira gestação. Normalmente, as fêmeas infectadas abortam apenas uma vez, embora possam permanecer infectadas durante toda a

vida . O diagnóstico clínico da

A brucelose em animais com

base no aborto é, no entanto, equívoca, uma vez que muitos agentes patogénicos podem induzir o aborto.

por conseguinte, essencial. O objetivo deste artigo é rever a literatura recente sobre técnicas de testes laboratoriais concebidas para diagnosticar a brucelose.

Visão geral dos métodos de diagnóstico

Esta secção analisa os diferentes métodos utilizados para diagnosticar a brucelose no gado e na fauna selvagem. Os testes de diagnóstico podem ser aplicados com diferentes objectivos: diagnóstico de confirmação, rastreio ou estudos de prevalência,

certificação e, em países onde a brucelose está erradicada, vigilância, a fim de evitar a reintrodução da brucelose através da importação de animais ou produtos animais infectados. A validação de tais testes de diagnóstico continua a ser um problema, particularmente no que respeita à fauna selvagem.

Os métodos de diagnóstico incluem testes directos, que envolvem a análise microbiológica ou a deteção de ADN por métodos baseados na reação em cadeia da polimerase (PCR) e testes indirectos, que são aplicados in vitro (principalmente no leite ou no sangue) ou in vivo (teste alérgico). A escolha de uma estratégia de teste específica depende da situação epidemiológica prevalecente da brucelose em animais susceptíveis (animais de criação e animais selvagens) num país ou numa região. O isolamento de *Brucella* spp. ou a deteção do ADN de *Brucella* spp. por PCR é o único método que permite a certeza do diagnóstico. A biotipagem fornece informações epidemiológicas valiosas que permitem rastrear as infecções até às suas fontes em países onde vários biótipos estão em co-circulação. No entanto, quando uma determinada biovar é esmagadoramente predominante, as técnicas de tipagem clássicas são inúteis porque não permitem a diferenciação de isolados pertencentes à mesma biovar de uma determinada espécie. Neste contexto, novos métodos de impressão digital, como a análise de múltiplos locus variáveis (número de repetições em tandem) (MLVA), que mede o número de repetições em tandem num determinado locus, e a análise de sequências multi-locus (MLSA) podem diferenciar isolados dentro de uma determinada biovar. Estes métodos estão a ganhar uma aceitação mais ampla e, nos próximos anos, serão quase certamente utilizados como métodos de rotina para a tipagem e a recolha de impressões digitais para fins epidemiológicos moleculares.

Diagnóstico direto

Coloração. A coloração com carimbo continua a ser frequentemente utilizada, apesar de esta técnica não ser específica: outros agentes abortivos, como *a Chlamydophila abortus* (anteriormente *Chlamydia psittaci) ou a Coxiella burnetii,* também se coram de vermelho. Fornece informações valiosas para a análise de material abortado(1). *A Brucella* spp. é um coccobacilo que mede 0,6-1,5 pm de comprimento e 0,5-0,7 pm de largura. Geralmente ocorrem isoladamente e são observados em grupos de dois ou mais. *A Brucella* spp. é uma bactéria Gram-negativa que pode resistir a um tratamento ácido fraco e, por isso, aparece vermelha após a coloração com carimbo. *Cultura.* O isolamento bacteriano é sempre necessário para a biotipagem das estirpes (ver "Métodos moleculares", abaixo). Para o diagnóstico definitivo da brucelose, a escolha das amostras depende dos sinais clínicos observados. No caso da brucelose clínica, as amostras válidas incluem fetos abortados (estômago, baço e pulmão), membranas fetais, secreções vaginais, colostro, leite, esperma e líquido colhido de artrite ou higroma. No abate, a fim de confirmar casos suspeitos de brucelose aguda ou crónica, os tecidos preferidos são os gânglios linfáticos genitais e orofaríngeos, o baço, a glândula mamária e os gânglios linfáticos associados. Para o isolamento de *Brucella* spp., o meio mais utilizado é o meio Farrell, que contém antibióticos capazes de inibir o crescimento de outras bactérias presentes em amostras clínicas. Algumas espécies de *Brucella,* como a *B. abortus de tipo* selvagem (biovares 1-4), necessitam de CO2 para o seu crescimento, enquanto outras, como a *B. abortus de* tipo selvagem (biovares 5, 6, 9), a estirpe vacinal *B. abortus* S19, a *B. melitensis* e a *B. suis,* não necessitam. O crescimento pode aparecer após 2-3 dias, mas as culturas são geralmente consideradas negativas após 2-3 semanas de incubação. A identificação da *Brucella* spp. baseia-se na morfologia, na coloração e no perfil metabólico (catalase, oxidase e urease).

A biotipagem de *Brucella* spp. é efectuada através de diferentes testes, sendo os mais importantes os testes de aglutinação com anticorpos contra LPS rugoso ou liso, ou seja, contra os epítopos A ou M dos polissacáridos de cadeia "O" (O-LPS);

lise por fagos, dependência de CO2 para o crescimento, medida geralmente em culturas primárias; produção de H2S; crescimento na presença de fucsina ou tionina basais; e os testes do violeta de cristal ou da acriflavina. Para serem executadas com eficácia, estas técnicas devem ser efectuadas através de procedimentos normalizados por pessoal experiente. Por conseguinte, são frequentemente efectuadas apenas em laboratórios de referência.

Métodos moleculares: Foram desenvolvidas novas técnicas que permitem a identificação e, por vezes, a tipagem rápida da *Brucella* e que estão a ser utilizadas em determinados laboratórios de diagnóstico.

Identificação: Foram desenvolvidos vários métodos baseados na PCR. Os métodos mais bem validados baseiam-se na deteção de sequências específicas de *Brucella spp.* como os genes 16S-23S, a sequência de inserção TS711 ou o gene *bcsp31* que codifica uma proteína de 31-kDa (25,26). Estas técnicas foram originalmente desenvolvidas em isolados bacterianos e são agora também utilizadas para detetar o ADN *da Brucella spp.* em amostras clínicas. É necessário avaliar os métodos de extração de ADN que se sabe influenciarem a sensibilidade dos ensaios de PCR. É de salientar que a maioria destas técnicas foi validada em amostras humanas, mas alguns relatórios avaliam a sua aplicação a amostras clínicas veterinárias (28,29). Recentemente, uma técnica foi avaliada favoravelmente para o diagnóstico de *B.suis* biovar 2 em amostras clínicas provenientes de javalis na Suíça. É difícil fornecer estimativas de sensibilidade e especificidade para estas técnicas porque os protocolos de teste descritos nos respectivos artigos não são os mesmos. No entanto, regra geral, as técnicas de PCR para a brucelose apresentam uma sensibilidade de diagnóstico inferior à dos métodos de cultura, embora a sua especificidade seja próxima de 100%. Até à data, os melhores resultados foram obtidos combinando a cultura e a deteção por PCR em amostras clínicas.

Tipagem molecular:

Para a tipagem de *Brucella* spp. é frequentemente utilizada a PCR multiplex AMOS, cujo nome se deve à sua aplicabilidade às espécies "abortus, melitensis, ovis, suis". Esta PCR e os protocolos PCR dela derivados permitem a discriminação entre espécies de *Brucella* e entre estirpes vacinais e estirpes de tipo selvagem. Não permitem, contudo, a discriminação entre todos os biovares de uma determinada espécie de *Brucella* (22-24). A PCR multiplex "Bruce ladder" é o primeiro método concebido para identificar e diferenciar todas as espécies de *Brucella* conhecidas e as estirpes vacinais no mesmo teste. A falta de métodos baseados na PCR para discriminar entre biovares dentro de uma espécie estimulou o desenvolvimento de outras técnicas de tipagem molecular para *Brucella* spp. como a análise do polimorfismo de comprimento de fragmentos de restrição com base no número de sequências de inserção *TS711*. No entanto, esta não provou ser uma ferramenta útil (32). O polimorfismo de comprimento de fragmentos de restrição por PCR baseado na análise de restrição dos genes *da Brucella* que codificam as proteínas da membrana externa é um instrumento simples de implementar, mas o grau de polimorfismo é baixo e a robustez é fraca (33). Várias novas técnicas de impressão digital são promissoras para diferenciar isolados dentro da mesma biovar de uma dada espécie: polimorfismos de nucleótido único, que detectam diferenças de nucleótido único na sequência de ADN de membros de uma espécie; MLSA, que detecta variações da sequência de ADN num conjunto de genes de manutenção e caracteriza as estirpes pelos seus perfis alélicos únicos; e MLVA, que analisa a variabilidade de loci que contêm sequências repetidas.

Em resumo, os métodos de tipagem clássicos são capazes de discriminar entre biovares de *Brucella*, mas, num futuro próximo, os polimorfismos de nucleótidos simples, MLSA e MLVA serão utilizados como técnicas de tipagem de rotina para permitir a discriminação de estirpes dentro de um determinado biovar, permitindo a análise epidemiológica molecular.

Testes de diagnóstico indirectos

Estes testes derivam da investigação efectuada principalmente no diagnóstico da brucelose em bovinos. Em grande medida, as características dos diferentes testes podem ser transpostas para os ovinos e caprinos, exceto no que se refere ao teste do anel em leite, que não é um teste aceite nestas espécies por gerar demasiados resultados falsos positivos. Nos suínos, a infeção por *Yersinia enterocolitica* serotipo O:9 (YO9) não é invulgar em algumas áreas, particularmente na Europa. Uma vez que a YO9 e a *Brucella* partilham uma cadeia polissacárida "O", os antigénios *da Brucella* spp. utilizados nos testes serológicos reagem igualmente bem com o LPS liso de superfície da YO9 e, por conseguinte, não são capazes de distinguir entre os anticorpos contra estes dois agentes patogénicos. Assim, tal como determinado pela Organização Mundial de Saúde Animal (Office International des Epizooties, OIE), nenhum dos testes serológicos convencionais utilizados para o diagnóstico da brucelose suína é fiável para o diagnóstico em suínos individuais. Foram realizados vários estudos de serologia da brucelose em animais selvagens, bem como em colecções de jardins zoológicos, com o objetivo de avaliar a presença ou a propagação de *Brucella* spp. em diferentes espécies selvagens e de classificar espécies ou indivíduos como expostos ou não expostos. A serologia da brucelose é normalmente realizada utilizando os mesmos antigénios que na serologia do gado, uma vez que os antigénios imunes dominantes *da Brucella*, associados ao LPS liso, são, em grande medida, partilhados por todos os biovares de ocorrência natural de *B. abortus,B. melitensis, B. suis, B. neotomae, B. ceti, B. pinnipedialis* e *B. microti*. A maior parte dos testes serológicos para a brucelose foram transpostos diretamente para as espécies selvagens, sem validação, a partir de populações de gado doméstico, onde a sua utilização também não foi frequentemente validada. A fim de validar os testes serológicos, os resultados devem ser analisados de acordo com o verdadeiro estado infecioso de um animal. A presença de anticorpos *anti-Brucella* sugere a exposição a *Brucella* spp. mas não indica qual a espécie de *Brucella* que induziu a produção desses anticorpos. Além disso, a seropositividade não significa necessariamente que os animais tenham uma infeção atual ou ativa no momento da amostragem. De facto, estudos de infecções experimentais e naturais indicam que quase todas as espécies animais vulneráveis à infeção por *Brucella* podem perder os seus títulos de anticorpos. Isto significa que a prevalência real da brucelose pode ser mais elevada do que a indicada pela despistagem de anticorpos. Por conseguinte, o "padrão de ouro" na brucelose continua a ser o isolamento da *Brucella* spp. Se se suspeitar de brucelose no gado ou na fauna selvagem devido a resultados serológicos positivos, as tentativas de isolar o organismo são consideradas obrigatórias e devem ser sempre efectuadas (10). No sítio Web do OIE (http:// www.oie.int), está disponível uma descrição pormenorizada dos diferentes testes para o diagnóstico da brucelose, sob a forma do Manual de Testes de Diagnóstico e Vacinas para Animais Terrestres. Na secção seguinte, apenas serão abordadas as principais vantagens e deficiências dos testes. Sensibilidades e especificidades dos testes indirectos, tal como documentadas na literatura.

Testes serológicos:

Esta secção refere-se a testes serológicos para detetar infecções por *Brucella* spp. Estes testes não detectam infecções causadas por *B. ovis* e *B. canis.* Para estas infecções, devem ser utilizados antigénios *de Brucella* "rugosos".

Teste de aglutinação lenta ou aglutinação lenta de Wright

(O princípio deste teste consiste em detetar anticorpos de aglutinina, principalmente do isótipo IgM, dirigidos contra *Brucella* spp. A uma concentração óptima de antigénio e anticorpos, formam-se grandes complexos antigénio-anticorpo que precipitam no fundo do tubo de ensaio. Esta reação é lenta porque, em contraste com os testes de aglutinação rápida, requer uma incubação durante a noite a 37°C. Esta técnica pode também ser praticada em micrométodo (teste de microaglutinação) num volume de reação de 100 pL, sem alteração do desempenho. A leitura do resultado é facilitada pela adição de um corante que cora as células. A relativa falta de especificidade e sensibilidade deste teste tem sido frequentemente apresentada como uma grande desvantagem. No entanto, trata-se de um teste normalizado e extremamente robusto que tem apresentado bons resultados e se tem revelado eficaz em vários países atualmente declarados oficialmente livres de brucelose. A especificidade do teste é aumentada através do tratamento do soro com um agente quelante, como o EDTA, que reduz as reacções cruzadas devidas à IgM . Embora este teste já não seja recomendado pelo OIE para o diagnóstico da brucelose bovina. Continua a ser amplamente utilizado no diagnóstico da brucelose humana.

Testes de antigénio Brucella tamponado.

As provas de Rosa Bengala (RB) e de aglutinação em placa tamponada (BA) são as provas de antigénio *da Brucella* tamponadas mais conhecidas. Trata-se de testes de aglutinação rápidos, com uma duração de 4 minutos, efectuados numa placa de vidro com a ajuda de um antigénio tamponado com ácido (pH 3,65 ± 0,05). Estes testes foram introduzidos em muitos países como teste de despistagem padrão por serem muito simples e considerados mais sensíveis do que o SAT. O OIE considera estes testes "testes prescritos para o comércio". *Teste de fixação do complemento.*

O teste de fixação do complemento (CFT) permite a deteção de anticorpos anti *Brucella* que são capazes de ativar o complemento. As imunoglobulinas (Ig) bovinas que podem ativar o complemento bovino são a IgG e a IgM. De acordo com alguma literatura, este teste não é muito sensível mas apresenta uma excelente especificidade (34,36). Devido à dificuldade de padronização do teste, este está a ser progressivamente substituído por ELISAs. Este teste é um "teste prescrito para o comércio" pelo OIE (4). *ELISAs.* Os testes ELISA dividem-se em duas categorias: os testes ELISA indirectos (iELISA) e os testes ELISA competitivos (cELISA). A maioria dos iELISA utiliza como antigénio o LPS liso purificado, mas existe uma grande variação no conjugado Ig anti-bovino utilizado. A sua principal qualidade é a elevada sensibilidade, mas são também mais vulneráveis a reacções não específicas, nomeadamente as devidas à infeção por YO9. Estas reacções cruzadas observadas nos iELISAs motivaram o desenvolvimento de cELISAs. A cadeia O do LPS suave da *Brucella* contém epítopos específicos que não são partilhados com o LPS da YO9. Por conseguinte, através da utilização de anticorpos monoclonais dirigidos contra epítopos específicos do LPS *da Brucella*, foi possível o desenvolvimento de testes cELISA mais específicos. Estes testes são mais específicos, mas menos sensíveis, do que os iELISA (38,42). O OIE considera estes testes "testes prescritos para o comércio".

Ensaio de Polarização por Fluorescência

O ensaio de polarização de fluorescência (FPA) baseia-se num princípio físico: a rapidez com que uma molécula gira num meio líquido está correlacionada com a sua massa. As moléculas de tamanho pequeno giram mais rapidamente e despolarizam mais um feixe de luz polarizada, enquanto as moléculas maiores giram mais lentamente e, consequentemente, despolarizam menos a luz. O FPA mede o grau de despolarização em unidades de mili-polarização (mP). Durante o teste, as amostras de soro são incubadas com um antigénio específico de *B. abortus* marcado com isotiocianato de fluoresceína. Na presença de anticorpos contra *Brucella* spp. formam-se grandes complexos fluorescentes. Em amostras negativas, o antigénio permanece sem complexos. Estas moléculas mais pequenas giram mais rapidamente e, por conseguinte, provocam uma maior despolarização da luz do que as amostras positivas para *Brucella spp.* Este teste pode ser facilmente automatizado e é muito rápido, uma vez que, após a mistura do antigénio marcado e do soro, a leitura é quase instantânea. A sensibilidade do teste parece ser ligeiramente inferior à dos iELISAs (36). A especificidade varia entre 98,8 e 99,0% (35). Este teste já é utilizado em programas de controlo e certificação da brucelose na América do Norte e na Europa. O OIE considera este teste um "teste prescrito para o comércio".

Testes ao leite. Estes testes são prescritos pelo OIE como testes a utilizar em programas de controlo e erradicação, mas não para fins comerciais.

Teste do anel de leite.

O teste consiste na mistura de antigénio colorido de células inteiras *de Brucella* com leite fresco a granel/tanque. Na presença de anticorpos *anti-Brucella*, formam-se complexos antigénio-anticorpo que migram para a camada de nata, formando um anel púrpura na superfície. Na ausência de complexos antigénio-anticorpo, a nata permanece incolor. Este teste não é considerado sensível, mas esta falta de sensibilidade é compensada pelo facto de o teste poder ser repetido, geralmente mensalmente, devido ao seu custo muito baixo. Este teste é prescrito pelo OIE para ser utilizado apenas com leite de vaca.

ELISAs e Ensaio de Polarização de Fluorescência.

Estes dois testes, acima referidos no contexto das amostras de soro, podem também ser aplicados às amostras de leite para detetar animais infectados. Com efeito, antes de poderem ser utilizados no leite de cisterna, que pode provir de centenas de vacas, a sua sensibilidade deve ser previamente verificada em grupos de amostras. Esta menor sensibilidade no caso do leite de cisterna pode muitas vezes ser compensada pelo aumento da frequência dos testes. Estes testes são prescritos pelo OIE para testar o leite de bovinos e de pequenos ruminantes.

Teste cutâneo.

O teste cutâneo é um teste alérgico que detecta a resposta imunitária celular específica induzida pela infeção por *Brucella* spp. A injeção de brucelergénio, um extrato proteico de uma estirpe rugosa de *Brucella spp.* é seguida de uma resposta inflamatória local num animal sensibilizado. Esta reação de hipersensibilidade de tipo retardado é medida pelo aumento da espessura da pele no local da inoculação. Este teste é altamente eficaz na discriminação entre casos verdadeiros de brucelose e reacções serológicas falsas positivas. O teste cutâneo é altamente específico, mas a sua fraca sensibilidade torna-o um bom teste para os efectivos, mas não para a certificação individual. Não consegue distinguir entre infeção e vacinação, pelo que o OIE prescreve este teste como teste alternativo.

Utilização estratégica dos testes serológicos

Esta secção destaca a utilização estratégica de certos testes serológicos para discriminar entre reacções serológicas falsas positivas e brucelose verdadeira e entre vacinação e infeção. A brucelose é uma doença infecciosa, mas os animais nem sempre são contagiosos. De facto, a excreção de *Brucella* spp. só ocorre em determinados momentos, principalmente quando ocorre o aborto.

Durante um aborto, são excretados milhares de milhões de *Brucella* spp., o que constitui uma importante fonte de infeção para os congéneres e para os profissionais em contacto com materiais abortados. A fim de evitar a contaminação por material abortado, é importante isolar as novilhas prenhes no sexto mês de gestação, dado que a brucelose induz o aborto geralmente no final da gravidez; e prever o aborto e eliminar os animais susceptíveis de abortar, antes de se tornarem uma fonte de infeção. A vacinação não proporciona uma proteção completa contra a exposição a *Brucella* spp. Isto levanta a questão fundamental: quando um animal prenhe é infetado, independentemente de ter sido ou não vacinado, é possível prever se irá abortar? Os factores-chave que determinam a resposta a esta questão são a cinética da produção de anticorpos e o tipo de anticorpos produzidos.

Cinética das respostas imunitárias em bovinos

Os testes de diagnóstico indireto baseiam-se na deteção de respostas imunitárias induzidas pela infeção. Estes testes apresentam sensibilidades e especificidades diferentes, dependendo de numerosas variáveis, como a dose e a via de infeção, a presença das chamadas "bactérias reactivas cruzadas" antigenicamente semelhantes à *Brucella* spp. A serologia é o método de escolha para o rastreio em qualquer programa de controlo ou erradicação. São induzidas fortes respostas imunitárias humorais após a exposição. As respostas humorais de Ig G persistem após o pico da resposta (3-4 semanas após a infeção) e permanecem detectáveis durante longos períodos de tempo (até vários anos); em contrapartida, a resposta de IgM é rapidamente induzida 2-3 semanas após a exposição e pode desaparecer após alguns meses (37,43,44). A resposta imunitária mediada por células (induzida 3-4 semanas após a exposição), medida pelo teste cutâneo da brucelose, é de longa duração e pode ser detectada durante vários anos. Assim, dada a cinética das respostas imunitárias induzidas após a infeção, o momento em que os diferentes testes são realizados após a exposição tem um impacto importante nos resultados, conforme ilustrado na Figura 1. A cinética da produção e do desaparecimento dos principais isótipos de imunoglobulina durante a infeção e a atividade destas imunoglobulinas nos diferentes testes serológicos permitirão normalmente distinguir entre infecções agudas e crónicas. Por exemplo, as respostas imunitárias contra *B. abortus* em bovinos consistem na produção rápida de IgM 2-3 semanas após a infeção experimental, seguida da produção de IgG 3-4 semanas após a infeção experimental.

Por conseguinte, aplicam-se os seguintes princípios:

1. A presença concomitante de IgM (detectada num teste de aglutinação) e IgG (detectada no iELISA) sugere brucelose aguda, enquanto a brucelose crónica é caracterizada pela presença de IgG apenas.
2. Uma resposta positiva num teste de aglutinação, que detecta principalmente Ig M, não é indicativa de brucelose se não for confirmada por uma resposta positiva de Ig G por iELISA no prazo de uma semana.

Os testes SAT, RB e BAT são normalmente utilizados como testes de despistagem para o diagnóstico da brucelose bovina. No entanto, o OIE e a UE decidiram recentemente não recomendar a utilização do SAT por o considerarem inferior aos outros testes padrão. O CFT é utilizado como teste de confirmação após uma reação de aglutinação positiva. Este teste está a ser gradualmente substituído por iELISAs e, mais recentemente, pelo FPA. Todos estes testes têm de ser normalizados e devem ser efectuados de acordo com procedimentos operacionais normalizados validados em laboratórios acreditados.

Serologia e vacinação

Durante mais de 60 anos, a vacina *B. abortus* S19 foi utilizada em bovinos e a vacina *B. melitensis* Rev.1 foi utilizada em ovinos e caprinos para prevenir o aborto e a infertilidade causados pela infeção natural com estirpes virulentas destas espécies de *Brucella* (45). Estas vacinas, combinadas com testes de vigilância serológica, têm sido fundamentais para o êxito do programa de erradicação da brucelose. Os testes serológicos convencionais para a brucelose detectam anticorpos contra os antigénios LPS induzidos pela vacinação com S19 ou Rev. 1 ou pela exposição a estirpes virulentas de campo. Por conseguinte, um único teste serológico pode diferenciar, para além de qualquer dúvida razoável, animais vacinados com S19 ou Rev. 1 e animais infectados com estirpes de campo virulentas de *Brucella* spp ,

A utilização estratégica de testes para detetar diferentes isótipos de imunoglobulinas fornece informações úteis para diferenciar a vacinação da infeção. Efetivamente, mais de 90% das novilhas vacinadas com S19 foram classificadas como negativas pelos testes serológicos clássicos (ou seja, SAT, RB e CFT) às 16 semanas após a vacinação, embora continuassem a ser classificadas como positivas pelos iELISAs (41). Além disso, em condições experimentais, a cinética da produção de anticorpos difere entre a vacinação e a infeção, pelo que os iELISA podem ser utilizados para prever o aborto em novilhas, permitindo assim a sua eliminação antes de os congéneres poderem ser contaminados. Recentemente, foi proposta a utilização de um mutante rugoso de *B. abortus*, a estirpe RB51, como vacina para bovinos de todas as idades (46). Embora a RB51 expresse baixos níveis da cadeia lateral O, os animais ingénuos permanecem seronegativos nos testes de vigilância após a vacinação com a RB51. Esta é uma vantagem importante num programa de controlo baseado na vacinação combinada com testes serológicos. Infelizmente, a eficácia da vacina RB51 em bovinos é ainda questionável. Foi demonstrado que a RB51 não é protetora nos pequenos ruminantes. Atualmente, não existe nenhuma vacina disponível para humanos, suínos ou animais selvagens

Conclusão

O objetivo de um programa de erradicação não é uma situação de "seropositividade zero", mas a ausência de infeção, dado que a seropositividade pode ocorrer após a vacinação ou a infeção por YO9 . Os critérios para declarar um país ou uma região "oficialmente indemne de brucelose" foram estabelecidos em regulamentos internacionais, como as directivas da UE e as recomendações do OIE. A epidemiologia da brucelose é complexa e são necessários outros critérios para além dos resultados dos testes, a fim de garantir o êxito de um programa de erradicação (49). As vacinas S19 e Rev. 1 continuam a ser as pedras angulares dos programas de controlo e erradicação. Em contraste, não existe nenhuma vacina disponível contra a brucelose na fauna selvagem. É surpreendente verificar que a ecologia da infeção continua a ser tão mal compreendida. Por exemplo, há décadas que os cientistas especulam se a brucelose induz o aborto em bisontes. Pouco se sabe sobre a patologia da *B.suis* biovar 2 em javalis selvagens e a investigação sobre a brucelose em mamíferos marinhos ainda está a dar os primeiros passos. Sabe-se muito pouco sobre a patologia da brucelose nos mamíferos marinhos ou sobre o seu potencial zoonótico. A ênfase deve ser colocada na investigação multidisciplinar que aborda a ecologia da infeção, particularmente sobre a forma de prever se a infeção persistirá numa população. A investigação deveria também analisar os factores de importância crucial para a manutenção da *Brucella* spp. nas populações infectadas. A serologia é o primeiro instrumento para a deteção de infecções subclínicas. Devem ser desenvolvidos melhores testes e estratégias de teste, mas o "padrão de ouro" na brucelose continua a ser o isolamento de *Brucella* spp. e é, por conseguinte, obrigatório. A brucelose não é uma doença sustentável nos seres humanos. A fonte de infeção humana reside sempre em reservatórios de animais domésticos ou selvagens. Por conseguinte, como regra geral, a prevenção da brucelose zoonótica humana depende predominantemente do controlo da doença nos animais.

REFERÊNCIAS

1. A lton GG, Jones LM, Angus RD, Verger JM. Techniques for the brucellosis laboratory . 1ª edição. Paris: Instituto Nacional de Investigação Agronómica; 1988.

2. Corbel MJ, Banai M. Género I. Brucella Meyer e Shaw 1920, 173AL. Em: Brenner DJ, Krieg NR, Staley JT, editores. Manual de bacteriologia sistemática de Bergey. vol. 2. Nova Iorque: Springer; 2005. p. 370-86.

3. Oreno E, Cloeckaert A, Moriyon I. Evolução e taxonomia da Brucella. Vet Microbiol. 2002;90:209-27. Medline:12414145 doi:10.1016/ S0378-1135(02)00210-9.

4. M anual de normas para testes de diagnóstico e vacinas. Paris: Gabinete Internacional das Epizootias; 2009.

5 .F oster G, Osterman BS, Godfroid J, Jacques I, Cloeckaert A. Brucella ceti sp. nov. e Brucella pinnipedialis sp. nov. para estirpes de Brucella que têm como hospedeiros preferenciais os cetáceos e as focas. Int J Syst Evol Microbiol. 2007;57:2688-93. Medline: 17978241doi:10.1099/ ijs.0.65269-0

6. Scholz HC, Hubalek Z, Sedlacek I, Vergnaud G, Tomaso HAl Dahouk

5. et al. Brucella microti sp. nov., isolada da ratazana comum Microtus arvalis. Int J Syst Evol Microbiol.2008;58:375-82. Medline:18218934 doi:10.1099/ijs.0.65356-0

7. Scholz HC, Hubalek Z, Nesvadbova J, Tomaso H, Vergnaud G, Le Fleche P, et al. Isolamento de Brucella microti do solo. Emerg Infect Dis. 2008;14:1316-7. Medline:18680668 doi:10.3201/ eid1408.080286

8. Scholz HC, Hofer E, Vergnaud G, Le Fleche P, Whatmore AM , Al Dahouk S, et al. Isolamento de Brucella microti de gânglios linfáticos mandibulares

de raposas vermelhas, Vulpes vulpes, na Baixa Áustria. Vetor Borne Zoonotic Dis. 2009;9:153-6. Medline: 18973444doi:10.1089/ vbz.2008.0036

9. Scholz HC, Nockler K, Gollner C, Bahn P, Vergnaud G, Tomaso H, et al. Brucella inopinata sp. nov., isolada de uma infeção de implante mamário. Int J Syst Evol Microbiol. 2010;60:801-8. Medline:19661515 doi:10.1099/ijs.0.011148-0

10. Godfroid J. Brucellosis in wildlife. Rev Sci Tech. 2002;21:277-86. Medline:11974615

11. B eja-Pereira A, Bricker B, Chen S, Almendra C, White PJ, Luikart G. DNA genotyping suggests that recent brucellosis outbreaks in the Greater Yellowstone Area originated from elk. J Wildl Dis. 2009;45:1174-7. Medline:19901392

12. Garin-Bastuji B, Hars J, Calvez D, Thiebaud M, Artois M. Brucellosis in domestic pigs and wild boar caused by Brucella suis biovar 2 in France [em francês]. Epidemiologie & Sante Animale. 2000;38:1-5.

13. Pappas G, Papadimitriou P, Akritidis N, Christou L, Tsianos EV . O novo mapa global da brucelose humana. Lancet Infect Dis. 2006;6:91- 9. Medline:16439329 doi:10.1016/S1473-3099(06)70382-6

14. M artin-Mazuelos E, Nogales MC, Florez C, Gomez-Mateos JM, Lozano F, Sanchez A. Outbreak of Brucella melitensis among microbiology laboratory workers. J Clin Microbiol. 1994;32:2035-6. Medline:7989566

15. B rew SD, Perrett LL, Stack JA, MacMillan AP, Staunton NJ. Exposição humana a Brucella recuperada de um mamífero marinho. Vet Rec. 1999;144:483. Medline:10358880

16. Sohn AH, Probert WS, Glaser CA, Gupta N, Bollen AW , Wong JD, et al.

Neurobrucelose humana com granuloma intracerebral causada por um mamífero marinho Brucella spp. Emerg Infect Dis. 2003;9:485-8. Medline:12702232

17. M cDonald WL, Jamaludin R, Mackereth G, Hansen M, Humphrey S, Short P, et al. Caracterização de uma estirpe de Brucella sp. como sendo de tipo marinomamífero apesar do isolamento de um doente com osteomielite espinal na Nova Zelândia. J Clin Microbiol. 2006;44:4363-70. Medline:17035490 doi:10.1128/JCM.00680-06

18. Godfroid J, Cloeckaert A, Liautard JP, Kohler S, Fretin D, Walravens K, et al. Desde a descoberta do agente da febre de Malta até à descoberta de um reservatório de mamíferos marinhos, a brucelose tem sido continuamente uma zoonose reemergente. Vet Res. 2005;36:313-26. Medline:15845228 doi:10.1051/vetres:2005003

19. L e Fleche P, Jacques I, Grayon M, Al Dahouk S, Bouchon P, Denoeud F, et al. Avaliação e seleção de loci de repetição em tandem para um ensaio de tipagem MLVA da Brucella. BMC Microbiol. 2006;6:9. Medline:16469109 doi:10.1186/1471-2180-6-9

20. M aquart M, Le Flcche P, Foster G, Tryland M, Ramisse F, Djonne B, etal. A tipagem MLVA -16 de 295 isolados de Brucella de mamíferos marinhos de diferentes origens animais e geográficas identifica 7 grupos principais de Brucella ceti e Brucella pinnipedialis. BMC Microbiol. 2009;9:145. Medline:19619320 doi:10.1186/1471-2180-9-145

21. W hatmore AM . Conhecimento atual da diversidade genética da Brucella , um género em expansão de agentes patogénicos zoonóticos. Infect Genet Evol. 2009;9:1168-84. Medline: 19628055 doi:10.1016/ j.meegid.2009.07.001 22 B ricker BJ, Halling SM. Differentiation of Brucella abortus bv. 1, 2, and 4, Brucella melitensis, Brucella ovis, and Brucella suis bv. 1 by PCR. J Clin Microbiol.

1994;32:2660-6. Medline:7852552

23. B ricker BJ. A PCR como ferramenta de diagnóstico da brucelose. Vet Microbiol.

2002;90:435-46. Medline:

12414163doi:10.1016/S0378-

1135(02)00228-6

24. B ricker BJ, Ewalt DR, Olsen SC, Jensen AE. Avaliação do

Ensaio de reação em cadeia da polimerase específico da espécie Brucella abortus, uma versão melhorada do ensaio de reação em cadeia da polimerase de Brucella AM OS para bovinos. J Vet Diagn Invest. 2003;15:374-8. Medline:12918821 25 B addour MM, Alkhalifa DH. Avaliação de três técnicas de reação em cadeia da polimerase para deteção de ADN de Brucella em sangue humano periférico.

CanJMicrobiol . 2008;54:352-7.

Medline:18449219doi:10.1139/W08-017

26. Ouahrani-Bettache S, Soubrier MP, Liautard JP. PCR com ancoragem IS6501 para a deteção e identificação de espécies e estirpes de Brucella. J Appl Bacteriol. 1996;81:154-60. Medline:8760325

27. D auphin LA, Hutchins RJ, Bost LA, Bowen MD. Avaliação

de métodos comerciais automatizados e manuais de extração de ADN para a recuperação de ADN de Brucella a partir de suspensões e zaragatoas contaminadas . J Clin Microbiol. 2009;47:3920-6. Medline:19846627doi

:10.1128/

JCM.01288-09

28. L eyla G, Kadri G, Umran O. Comparação da reação em cadeia da polimerase e da cultura bacteriológica para o diagnóstico da brucelose ovina utilizando amostras de fetos abortados. Vet Microbiol. 2003;93:53- 61. Medline:12591206

doi:10.1016/S0378- 1135(02)00442-X

29. M arianelli C, Martucciello A, Tarantino M, Vecchio R, Iovane G, Galiero G. Avaliação de métodos moleculares para a deteção de espécies de Brucella no leite de búfala. J Dairy Sci. 2008;91:3779-86. Medline:18832199 doi: 10.3168/jds.2008-1233

30 H inic V, Brodard I, Thomann A, Holub M, Miserez R, abril C. IS711- based real-time PCR assay as a tool for detection of Brucella spp. In wild boars and comparison with bacterial isolation and serology . BMC Vet Res. 2009;5:22. Medline:19602266 doi:10.1186/1746-6148- 5-22

31 Garcia-Yoldi D, Marin CM, de Miguel MJ, Munoz PM, Vizmanos JL, Lopez-Goni I. Multiplex PCR assay for the identification and differentiation of all Brucella species and the vaccine strainsBrucella abortus S19 and RB51 and Brucella melitensis Rev1. Clin Chem.

32

2006;52:779-81. Medline:16595839 doi:10.1373/ clinchem.2005.062596

33 Clavareau C, Wellemans V, Walravens K, Tryland M, Verger JM,
Grayon M, et al. Caracterização fenotípica e molecular de uma estirpe de Brucella isolada de uma baleia-anã (Balaenoptera acutorostrata). Microbiology. 1998;144:3267-73. Medline:9884218doi:10.1099/00221287-144-12-3267

34 Cloeckaert A, Verger JM, Grayon M, Grepinet O. Polimorfismo do sítio de restrição dos genes que codificam as principais proteínas da membrana externa de 25 kDa e 36 kDa da Brucella. Microbiology. 1995;141:2111-21. Medline:7496522 doi:10.1099/13500872-141-9- 2111

35 E mmerzaal A, de Wit JJ, Dijkstra T, Bakker D, van Zijderveld FG. The Dutch

Brucella abortus monitoring programme for cattle: the impact of false-positive serological reactions and comparison ofserological tests. Vet Q. 2002;24:40-6. Medline:11924560

36 Greiner M, Verloo D, de Massis F. Meta-analytical equivalence studies on diagnostic tests for bovine brucellosis allowing assessment of a test against a group of comparative tests. Prev Vet Med. 2009;92:373- 81. Medline:19766334 doi:10.1016/ j.prevetmed.2009.07.014

37 M cGiven JA, Tucker JD, Perrett LL, Stack JA, Brew SD, MacMillan AP. Validação de FPA e cELISA para a deteção de anticorpos contra Brucella abortus em soros de bovinos e comparação com SAT, CFT e iELISA. JImmunolMethods . 2003;278:171-8. Medline:12957405doi:10.1016/S0022-1759(03)00201-1

38 Saegerman C, De Waele L, Gilson D, Godfroid J, Thiange P, Michel P, et al. Evaluation of three serum i-ELISAs using monoclonal antibodies and protein G as peroxidase conjugate for the diagnosis of bovine brucellosis. Vet Microbiol. 2004;100:91-105. Medline:15135517 doi:10.1016/j.vetmic.2004.02.003

39 Nielsen KH, Kelly L, Gall D, Nicoletti P, Kelly W. Melhoria Ensaio imunoenzimático competitivo para o diagnóstico da brucelose bovina. VetImmunolImmunopathol . 1995;46:285-91.Medline:7502488 doi:10.1016/0165-2427(94)05361-U

40 Nielsen K, Gall D. Fluorescence polarization assay for the diagnosis of brucellosis: a review. J Immunoassay Immunochem . 2001;22:183- 201. Medline:11506271 doi:10.1081/IAS-100104705

41 ielsen K. Diagnosis of brucellosis by serology . Vet Microbiol. 2002;90:447-59. Medline:

12414164doi:10.1016/S0378-1135(02)00229-8

42 Saegerman C, Vo TK, De Waele L, Gilson D, Bastin A, Dubray G, et al. Diagnosis of bovine brucellosis by skin test: conditions for the test and evaluation of its performance. Vet Rec. 1999;145:214-8. Medline:10499853

43 W eynants V, Gilson D, Cloeckaert A, Denoel PA, Tibor A, ThiangeP, et al. Caracterização de um anticorpo monoclonal específico para o lipopolissacárido de Brucella smooth e desenvolvimento de um ensaio imunoenzimático competitivo para melhorar o diagnóstico serológico da brucelose. Clin Diagn Lab Immunol.1996;3:309-14. Medline:8705675

44 Sutherland SS. Avaliação do teste de imunoabsorção enzimática na deteção de bovinos infectados com Brucella abortus. Vet Microbiol. 1984;10:23-32. Medline: 6442028doi:10.1016/0378-1135(84)90053-1

45 Godfroid J, Saegerman C, Wellemans V, Walravens K, Letesson JJ, Tibor A, et al. Como comprovar a erradicação da brucelose bovina quando ocorrem reacções serológicas aspecíficas no decurso de testes à brucelose. Vet Microbiol. 2002;90:461-77. Medline:12414165 doi:10.1016/S0378-1135(02)00230-4

46 M oriyon I, Grillo MJ, Monreal D, Gonzalez D, Marin C, Lopez-Goni I, et al. Rough vaccines in animal brucellosis: structural and genetic basis andpresentstatus . VetRes . 2004;35:1-38. Medline:15099501doi:10.1051/vetres:2003037

47 Schurig GG, Roop RM II, Bagchi T, Boyle S, Buhrman D, Sriranganathan N. Biological properties of RB51; a stable rough strain of Brucella abortus. Vet Microbiol. 1991;28:171-88. Medline:1908158 doi:10.1016/0378-1135(91)90091-S

48 Stevens MG, Hennager SG, Olsen SC, Cheville NF. Respostas serológicas em testes de diagnóstico da brucelose em bovinos vacinados com Brucella abortus 19 ou RB51. J Clin Microbiol. 1994;32:1065-6. Medline:8027313

49 el Idrissi AH, Benkirane A, el Maadoudi M, Bouslikhane M, Berrada J, Zerouali A. Comparação da eficácia das vacinas vivas Brucella abortus estirpe RB51 e Brucella melitensis Rev. 1 contra a infeção experimental com Brucella melitensis em ovelhas prenhes. Rev Sci Tech. 2001;20:741-7. Medline:11732416

50 Crawford RP, Huber JD, Adams BS. Epidemiologia e vigilância .
In: Nielsen K, Duncan JR, editores. Animal brucellosis. Boca Raton (FL): CRC Press; 1990. p. 131-51.

51 Palmer MV, Olsen SC, Gilsdorf MJ, Philo LM, Clarke PR, Cheville NF. Aborto e placentite em bisontes prenhes (Bison bison) induzidos pela vacina candidata, Brucella abortus estirpe RB51. Am J Vet es.
1996;57:1604-7. Medline:8915438

52 Godfroid J, Michel P, Uytterhaegen L, De Smedt C, Rasseneur F, Boelaert F, et al. Brucellosis caused by Brucella suis biovar 2 in wild boar (Sus scrofa) in Belgium [em francês]. Ann Med Vet. 1994;138:263-8.

53 Gonzalez-Barrientos R, Morales JA, Hernandez-Mora G, Barquero-
Calvo E, Guzman-Verri C, Chaves-Olarte E, et al. Patologia de golfinhos-riscados (Stenella coeruleoalba) infectados com Brucella ceti. J Comp Pathol. 2010;142:347-52. Medline:19954790doi :10.1016/ j.jcpa.2009.10.017

54 W hatmore AM , Dawson CE, Groussaud P, Koylass MS, King AC, Shankster SJ, et al. Genótipo de Brucella de mamíferos marinhos associado a infeção zoonótica. Emerg Infect Dis. 2008;14:517-8. Medline:18325282 doi:10.3201/eid1403.070829

Printed by Books on Demand GmbH, Norderstedt / Germany